上海大学出版社

2005年上海大学博士学位论文 9

C₆₀衍生物–酞菁超分子复合膜的研制与光电性能

● 作者： 沈　悦

● 专业： 材料学

● 导师： 夏义本

C₆₀衍生物-酞菁超分子 复合膜的研制与光电性能

作　者：沈　悦
专　业：材料学
导　师：夏义本

上海大学出版社
·上海·

Shanghai University Doctoral
Dissertation（2005）

Study on preparation and photoelectric properties of C₆₀ derivatives/Phthalocyanine supramolecular composite films

Candidate：Shen Yue
Major：Materials Science
Supervisor：Prof. Xia Yiben

Shanghai University Press
• **Shanghai** •

上 海 大 学

　　本论文经答辩委员会全体委员审查,确认符合上海大学博士学位论文质量要求.

答辩委员会名单:

主任: 褚君浩　研究员,中科院上海技术物理研究所　200083

委员: 冯楚德　研究员,中科院上海硅酸盐研究所　200030

　　　侯立松　研究员,中科院上海光机所　200062

　　　王　鸿　教授,上海大学材料学院　200072

　　　蒋学菌　教授,上海大学材料学院　200072

导师: 夏义本　教授,上海大学材料学院　200072

评阅人名单：

　　侯立松　　研究员，中科院上海光机所　　　　　　　　200062

　　冯楚德　　研究员，中科院上海硅酸盐研究所　　　　　200030

　　王向朝　　研究员，中科院上海光机所　　　　　　　　200062

评议人名单：

　　吴谊群　　研究员，中科院上海光机所　　　　　　　　610054

　　盂中岩　　教授，上海大学材料学院　　　　　　　　　200072

　　桑文斌　　教授，上海大学材料学院　　　　　　　　　200072

　　张建成　　教授，上海大学材料学院　　　　　　　　　200072

答辩委员会对论文的评语

C_{60}衍生物/酞菁超分子复合膜是一种新型有机光伏器件候选材料,具有广阔的应用前景.该论文对 C_{60}衍生物/酞菁超分子复合膜材料的合成技术、复合膜材料分子间和超分子光诱导电子和能量转移过程开展了研究.本论文选题前瞻性强,并获得了一系列有创新性的研究结果:

[1] 将 C_{60} 及其衍生物和酞菁及其衍生物所具有的优异的光、电等性能结合起来,合成出对光具有宽吸收和类半导体性能的富勒烯/酞菁超分子复合膜材料.

[2] 制备了 C_{60}-甲苯衍生物并研究了其光致发光现象和双重荧光现象.同时研究了掺杂剂(I_2)对其光致发光淬灭效应和光电导效应,发现 I_2 掺杂可明显增加薄膜的光电导性能.

[3] 制备了 C_{60}-硝基衍生物和多种可溶性酞菁衍生物,以 C_{60}-硝基衍生物作为电子受体材料,合成并研究了 C_{60}硝基衍生物/酞菁超分子材料及其光电转换性能,发现部分嫁接型 C_{60}衍生物-酞菁超分子材料呈现良好的光电转换性能,是潜在的光电转换器件候选材料.

[4] 采用纳秒级激光分解技术进行了 C_{60} 及其衍生物/酞菁体系的分子间和超分子光诱导电子、能量转移过程及其机理的研究.

论文实验数据丰富翔实,实验工作量大,分析论证深入细致,条理清楚,层次分明.在读期间以第一作者在国内外学术刊物上发表论文十篇,表明作者已扎实地掌握了该研究领域的理论基础和专业知识,具有较强的独立科研工作能力.

答辩过程中回答问题正确.

答辩委员会表决结果

经答辩委员会无记名投票,一致通过沈悦同学的博士学位论文答辩,并建议学位评定委员会授予其工学博士学位.

答辩委员会主席: 褚君浩

2005 年 3 月 18 日

摘　要

　　C_{60}基超分子材料由于在光照条件下显示出特殊的电化学和光化学性能被认为是具有广阔应用前景的有机光电转换材料.具有平面大π键结构的酞菁及其金属化合物呈现出电子给体性能,而C_{60}却是一种优良的电子受体材料.富勒烯/酞菁超分子复合膜对光具有宽吸收和类半导体性能,是一类更有竞争力的有机光伏器件候选材料.

　　为了把C_{60}和酞菁引入超分子体系,实现在分子水平上控制材料结构,本文研制了几种可溶性C_{60}-衍生物和金属酞菁衍生物,测试了材料的光电性能,讨论了两者形成分子间电荷转移络合物和超分子结构的条件,采用纳秒级激光分解技术研究了C_{60}及其衍生物/酞菁体系的分子间和超分子光诱导电子转移过程,并分析了C_{60}-甲苯衍生物对超分子结构光电性能的影响及类金刚石膜作为有机光电器件钝化膜的可行性.得到了一系列既有学术意义又有实用价值的新结果:

　　制备了C_{60}-甲苯衍生物和C_{60}-硝基衍生物.系统研究了C_{60}-甲苯衍生物的光致发光现象和光电导效应,不同反应时间所得衍生物室温下观测到最大峰值位于 430 nm 附近递增的光致发光现象和双重荧光现象,讨论了溶剂极性和 pH 值对上述现象的影响.在此基础上研究了典型的受体材料(I_2)的掺杂对C_{60}-甲苯衍生物光致发光的淬灭效应和C_{60}-甲苯衍生物/I_2共混膜的光电导效应.当C_{60}-甲苯衍生物:$I_2 = 1:50(Wt\%)$ 时,光致发光完全淬灭.但经 I_2 掺杂,薄膜的光电导明显增加.C_{60}-

硝基衍生物由于受强吸电子基团的影响,在室温无明显光致发光现象,比 C_{60} 母体具有更强的接受电子能力,衍生物的第一还原半波电位比 C_{60} 正移 150 mV.

文中研究了多种可溶性酞菁衍生物(四氨基酞菁锌、单氨基空心酞菁、四氨基酞菁锌-环氧衍生物)的合成、表征及光电性能.合成产物均在 200～400 nm 和 600～800 nm 波段处出现酞菁的特征吸收带并具有较强的光致发光效应.瞬态荧光光谱分析表明,550 nm 和 740 nm 附近的荧光分别与单光子吸收和双光子吸收过程有关.

C_{60}/酞菁体系的光电性能研究表明,C_{60} 对酞菁衍生物的荧光具有淬灭作用.两者的混合物和复合物体系中,分别形成了分子间电荷转移络合物和轴向配位的超分子结构.瞬态吸收光谱的分析表明,在 C_{60}/单氨基空心酞菁(甲苯-DMF 共混溶液)复合体系中,主要发生了从 $^3C_{60}^*$ 到 $^3NH_2-H_2Pc^*$ 的能量转移过程.

C_{60} 硝基衍生物-酞菁自组装超分子体系呈现良好的光电转换性能.超分子体系内电子转移过程的研究表明,四氨基酞菁锌和 C_{60}-硝基衍生物的反应自由能 $\Delta G_0 = -0.385$ eV,是热力学允许的反应;自组装超分子结构的荧光寿命由四氨基酞菁锌的 37 ns 缩短为 18 ns,表明分子内电子传递是荧光淬灭的主要原因之一.该自组装超分子体系中由于存在一定量的给体-受体复合物,受激基团没有足够的时间通过系间窜跃(ISC)过程,在此体系中的电子转移(ET)过程是通过短寿命的单线态转移的.与酞菁相比,部分嫁接型 C_{60} 硝基衍生物-酞菁超分子体系的紫外特征吸收峰明显红移,位于 740 nm 的吸收峰发生分裂.部分嫁接型超分子体系在极性溶剂中建立长寿命溶剂隔离离子对(SSIP)过程,因此延长了电荷分离态(CS)的时间,导致光电转换效应的显著提高.该超分子体系于 740 nm 处瞬态吸收动力学过程研究表明激光强度与吸收值存在非线性关系与域值强度,符合双光子吸收原理.

关键词: 超分子,C$_{60}$衍生物,酞菁衍生物,瞬态光谱,光电性能

Abstract

C_{60} based supramolecular materials are believed to be a kind of new organic photoelectric materials, because of their special electrochemical and photochemical properties. Phthalocyanine (Pc) and its derivatives are known to exhibit electron-donor properties due to their unusual structure and extended π-electron system, while C_{60} is a good electron-accepter material. The supramolecular composite films of fullerene and phthalocyanine have broad absorbance and like-semiconductor characteristics, and they are more valuable candidates in organic photovoltaic devices.

In this thesis, some soluble C_{60} derivatives and Pc derivatives were prepared, in order to lead C_{60} and phthalocyanine into supramolecular systems and control the structure of materials in molecular lever. The photoelectric properties of derivatives were studied. The conditions to form intermolecular charge-transfer complexes (CTC) and supramolecular structures between C_{60} derivatives and Pc derivatives were discussed. The intermolecular and supramolecular electron transfer processes from Pc derivatives to C_{60} and its derivatives were studied by nanosecond laser flash photolysis techniques. The influence of the C_{60}-toluene derivative on photoelectric properties of the supramolecular systems was analyzed. And the possibility of using the diamond-like carbon (DLC) thin film as the passivation film of organic photoelectric device was discussed. A series of new results with academic significance and application value are obtained:

C_{60} - toluene derivative and C_{60}-NO_2 derivative were prepared. The fluorescence spectra show that C_{60} - toluene derivatives (in alcohol) have obvious photoluminescence (PL) phenomena and dual fluorescence near 420 nm ($\lambda_{ex} = 260$ nm) at room temperature. The influences of solvent polarity and pH on fluorescence spectra were discussed. The PL intensity of C_{60}-toluene derivatives was decreased after doped with I_2. When the ratio of C_{60}-toluene and I_2 (Wt %) was 1 : 50, the PL was nearly quenched. But photoconductivity of the films doped with I_2 was increased obviously. PL phenomena of C_{60}-NO_2 derivative weren't found at room temperature, because of the strong electron-acceptor property of the substitute groups. According to the results of cycle-voltammetry test, the ability of accepting electrons of C_{60}-NO_2 derivative was bigger than that of C_{60}, and 150 mV positive shift of the first reduction potential was observed.

The preparation and measurement of some soluble metal-Pc derivatives were studied. Special absorption (in 200 nm - 400 nm and 600 nm - 800 nm) and obvious PL phenomena were observed in all of the derivatives. The transient fluorescence spectra show that the fluorescence peaks at about 550 nm and 740 nm come from the single photo absorption and two-photon absorption, respectively.

The study of photoelectric properties of C$_{60}$/Pc system indicates that the PL intensity of Pc derivatives can be quenched by C$_{60}$. The intermolecular charge-transfer complexes (CTC) and supramolecular structures between C$_{60}$ and Pc derivatives were formed in mixture and complex system, respectively. The transient absorbance spectra show that the energy transfer takes place from ^{3}C$_{60}$* to ^{3}NH$_2$-H$_2$Pc* in complex systems.

The self-assembled supramolecular system of C$_{60}$-NO$_2$ derivative and 4NH$_2$-PcZn has good photo - electron exchange properties. The study of the electron transfer process in this system indicates that the ΔG$_0$ of the reaction between 4NH$_2$-PcZn and C$_{60}$-NO$_2$ derivative is $-$0.385 eV, which is permitted in thermodynamics. The fluorescence lifetime decreased from 37 ns to 18 ns, and the intramolecular electron transfer was one of the main reasons of fluorescence quenching. The self-assembled systems usually undergo electron transfer (ET) process from the short-lived singlet excited state. Red shift of characteristic peaks of UV-VIS spectra was observed in partly linked C$_{60}$-NO$_2$/4NH$_2$-PcZn supramolecular system and the peak at 740 nm was splitted.

The partly linked supramolecular system can create a long-lived solvent separated ion pair（SSIP）in polar medium and increasing the lifetime of the charge separation（CS）state，which may induce increased photoelectric exchange effects.

Key words：supramolecular，C_{60} derivatives，phthalocyanine derivatives，transient spectra，photoelectric properties

目　　录

第一章　绪论 ··· 1
1.1　超分子的研究进展 ·································· 2
1.2　富勒烯类超分子材料的研究概况及进展 ········· 5
1.3　金属酞菁类超分子材料的研究概况及进展 ······· 11
1.4　有机超分子体系的光电转换性能 ················ 23
1.5　电化学与有机聚合物的能带结构 ················ 27
1.6　立题依据及研究内容 ·························· 29

第二章　超分子组装用富勒烯衍生物的合成及光电性能 ······· 31
2.1　C_{60}-甲苯衍生物的合成与光电性能 ··············· 31
2.2　C_{60}-硝基衍生物的合成与光电性能 ············· 45
2.3　本章小结 ··· 51

第三章　超分子组装用酞菁衍生物的合成及光电性能 ······· 53
3.1　四氨基酞菁锌的合成和光电性能 ················ 53
3.2　高溶解性酞菁锌环氧衍生物的合成和性能 ······ 62
3.3　单氨基酞菁(锌)的合成和光电性能 ············· 68
3.4　本章小结 ··· 72

第四章　C_{60}/酞菁电荷转移络合物的研制与光电性能 ······· 73
4.1　C_{60}/酞菁分子间光诱导电子转移理论 ··········· 73
4.2　电荷转移络合物的价键理论——Mulliken 理论 ···· 74
4.3　C_{60}/四氨基酞菁锌混合物的光谱性能研究 ······ 76
4.4　C_{60}/四氨基酞菁锌复合物的光谱性能研究 ······ 80
4.5　C_{60}/单氨基酞菁(锌)复合物的光谱性能研究 ········ 83

4.6 C_{60}/四氨基酞菁锌复合物体系内电子转移过程的
研究 ·· 87

4.7 C_{60}/金属酞菁联聚甲基苯基硅烷超分子的合成和
性能 ··· 91

4.8 本章小结 ·· 102

第五章 C_{60}衍生物-酞菁超分子体系的研制与光电性能 ········· 104

5.1 C_{60}-硝基衍生物/四氨基酞菁锌自组装超分子体系的
光电性能 ·· 105

5.2 部分嫁接型 C_{60}衍生物-酞菁超分子体系的光电
性能 ·· 112

5.3 超分子体系内电子转移过程的研究 ············· 122

5.4 C_{60}及其衍生物/酞菁体系的分子间和超分子光诱导
电子转移 ·· 126

5.5 本章小结 ·· 141

第六章 C_{60}-甲苯衍生物等对酞菁超分子复合膜光电性能的
影响 ··· 144

6.1 C_{60}-甲苯衍生物对 C_{60}/酞菁超分子体系光电性能的
影响 ·· 144

6.2 C_{60}-甲苯衍生物对聚苯乙烯负载羧基酞菁铁光电导
效应的影响 ·· 147

6.3 机理分析 ·· 149

6.4 类金刚石膜的钝化作用 ························· 151

6.5 本章小结 ·· 153

第七章 结论 ··· 154

参考文献 ·· 157

致谢 ··· 172

第一章 绪 论

20世纪80年代末,诺贝尔化学奖获得者Lehn教授创造性地提出了超分子化学的概念并在这一领域进行了大量卓越的实践,为化学学科从经典的分子化学迈向新的研究层次指明了方向.超分子化学由于与生命科学密切相关已成为一门新兴的化学学科,它是超出单个分子以外的化学,是有关超分子体系结构与功能的学科.以超分子化学为基础的超分子材料,是一种正处于开发阶段的现代新型材料,它一般指利用分子间非共价键的键合作用(如氢键相互作用、电子供体-受体相互作用、离子相互作用和憎水相互作用等)而制备的材料;是利用超分子化学法在设计功能性基团方面的便利性和经典化学法在成键方面的有效性,提出的用"超分子结构单元"构筑功能材料的方法,类似于房屋建筑中的混凝土板、块构筑方式,称之为功能材料的"超分子板块构筑法".在形状方面,超分子结构单元可以是球状、片状、块状等多种形态;在组成上,超分子结构单元可以是无机颗粒和有机分子的组装体、有机分子本身的组装体、碳纳米管与有机分子的组装体等多种组合体.决定超分子材料性质的,不仅是组成它的分子,更大程度上取决于这些分子所经过的自组装过程.但最根本的一点是该组装体应有不同于单一组分的特殊性质.

C_{60}及其衍生物以其独特的结构和性质在超分子物理、化学、材料、生命科学等领域显示其巨大的应用潜力和重要的研究价值.金属酞菁及其衍生物作为染料被使用已具较长历史,近20年来,酞菁类化合物作为有机光电材料和催化材料的研究报导已经很多.如何将C_{60}及其衍生物和金属酞菁及其衍生物所表现出来的优异卓绝的光、电、磁性质巧妙地结合起来,发展具有特殊光、电、磁、催化性能的新型超分子材料,开拓它们在光电转换、催化、药物治疗、吸波等方面的应用研究是当前最赋有挑战性的研究工作之一.

1.1　超分子的研究进展[1-7]

1.1.1　超分子化学的发展

1967 年 C. J. Pederson 发表了关于冠醚的合成和选择性络合碱金属的报告,揭示了分子和分子聚集体的形态对化学反应的选择性起着重要的作用;D. J. Cram 基于在大环配体与金属或有机分子的络合化学方面的研究,提出了以配体(受体)为主体,以络合物(底物)为客体的主客体化学;J. M. Lehn 模拟蛋白质螺旋结构的自组装体的研究内容,在一定程度上超越了大环与主客体化学而进入了所谓"分子工程"领域,即在分子水平上,制造有一定结构的分子聚集体而起到一定的特殊性质的工程,并进一步提出了超分子化学即"超越分子的化学"的概念. 超分子作用是一种具有分子识别能力的分子间相互作用,通过对分子间相互作用的精确调控,超分子化学逐渐发展成为一门新兴的分子信息化学,它包括在分子水平和结构特征上的信息存储,以及通过特异性相互作用的分子识别过程实现在超分子尺寸上的修正、传输和处理. 这导致了程序化化学体系的诞生. 未来超分子体系化合物的特征应为: 信息性和程序性的统一;流动性和可逆性的统一;组合性和结构的多样性的统一. 所有这些特性便构成了"自适应化学"这一概念的基本要素. 考虑到超分子化学涉及的物理和生物领域,超分子化学便成为一门研究集信息化、组织性、适应性和复合性于一体的物质的学科.

1.1.2　超分子化学的理论基础

超分子化合物是由主体分子和一个或多个客体分子之间通过非价键作用而形成的复杂而有组织的化学体系. 主体通常是富电子的分子,可以作为电子给体(D),如碱、阴离子、亲核体等. 而客体是缺电子的分子,可作为电子受体(A),如酸、阳离子、亲电体等. 超分子化学和配位化学同属于授受体化学,超分子体系中主体和客体之间不是经典的配位键,而是分子间的弱相互作用,大约为共价键的 5%～10%. 因此可以认为,超分子化学是配位化学概念的扩展. 超分子体系的微观单元是由若干乃至许许多多个不同化合物的分子或离子或其它可单独存在的具有一定化学性质的微粒聚集而成. 聚集数可以确定或不确定,这与一分子中原子个数严格确定具有本质区别. 超分子的形成不必输入高的能量,不必破坏原来分子的结构及价健,主客体间没有强的化学键,这就要求主客体之间要有高度的匹配性和适应性,不仅要求分子在空间几何构型和电荷,甚至亲疏水性的互相适应,还要求在对称性和能量上的匹配. 这种高度的选择性就导致了超分子形成的高度识别能力. 如果客体分子有所缺陷,就无法与主体形成超分子体系. 由此可见,从简单分子的识别组装到复杂的生命超分子体系,尽管超分子体系千差万别,功能各不相同,但形成基础是相同的,这就是分子间作用力的协同和空间的互补. 这些作用力的实质是永久多极矩、瞬间多极矩、诱导多极矩三者之间相互作用,相应的能量分别称为库仑能、色散能和诱导能. 这些弱相互作用还包括疏水亲脂作用力、氢键力、离子键力、π-π 堆集力等. 多数情况下,几种分子间力的加和与协同,并具有一定的方向性和选择性,其总的结合力不亚于化学键的强度. 正是多种分子间弱相互作用的协同性、方向性和选择性决定着分子与位点的识别.

1.1.3　超分子体系的功能

C$_{60}$、冠醚、环糊精和环芳烃等大环化合物都具有穴状结构,能通过非共价键与离子以及中性分子形成超分子,在化学物质的分离提纯,功能材料的研制及超分子催化方面已表现出了广阔的应用前景,引起了越来越多的化学家对它的重视和研究. 超分子体系的主要功能是识别、催化和运输.

（1）超分子体系的识别功能

分子与位点识别是超分子体系的基础,识别是指给定受体与作用物选择性结合并产生特定功能的过程. 发生在分子间的识别过程为分子识别,发生在实体局部间的识别过程为位点识别,识别过程需要作用物与受体间空间匹配、力场互补,实质上是超分子信息的处理过程. 分子识别是类似"锁和钥匙"的分子间专一性结合,可以理解为底物与给定受体间选择性键合,是形成超分子结构的基础. 超分子作用对于某些化学反应过程如催化等具有重要的意义,特别是在生物体系中,相当多的生物化学过程离不开这种作用. 因此,分子识别是自然界生物进行信息存贮、复制和传递的基础,以分子识别为基础,研究构筑具有特定生物学功能的超分子体系,对揭示生命现象和过程具有重要意义,并可能给化学研究带来新的突破:同样以分子识别为基础,设计、合成、组装具有新颖光、电、磁性能的纳米级分子和超分子器件,将为材料科学提供理论指导和新的应用体系,为改善人类的生活质量做出重要贡献.

(2) 超分子体系的催化功能

反应性和催化作用是超分子体系主要功能性质. 超分子催化即可由反应的阳离子受体分子实现,也可由反应阴离子受体来实现,还可通过作用物与辅助因子的结合产生共催化,实现合成反应. 超分子体系对光化学反应的催化作用、酶催化和模拟酶催化均是利用超分子体系的分子识别作用以达到高选择性、温和条件下的催化目的. 通常意义上的催化反应中,无论是多相催化还是均相催化,都存在超分子现象. 在多相催化中,具有形形色色的界面现象,固体催化剂表面上各类吸附位、活性中心与反应物、中间物和产物间不可避免地存在着各种各样的弱的、具有一定选择性的相互作用,从而有可能形成多组分超分子系统. 均相催化反应中,催化剂与介质、反应物、中间物和产物间也会存在弱的选择性相互作用力. 这是有选择地活化、改组化学键的前提. 基于生物体抵御外来抗原,形成与之识别的抗体的性质,产生了抗体催化研究. 抗体催化具有酶催化的一些特性,专一性选择识别反应物/过渡态和反应,实现反应的低活化能、高选择性,实现一些普通催化化学难以实现的反应. 其中关键是选择合成合适的半抗原,以便诱导筛选出特定要求的催化抗体.目前抗体催化已应用于酰基转移、β-消去、C-C键形成及断裂、水解、卟啉金属化、过氧化及氧化还原等反应中.

（3）超分子体系的信息传递功能

超分子体系受外界的刺激产生性能和结构的变化,继而将刺激信号转变成分子信息并在体系中传输.这种传输的本质是电子转移、能量转移、物质传输、化学转换.超分子体系的多样性也决定了载流子的多样性,如电子、光子、离子(包括氢离子)、化学信息物质,以及超分子体系的元激发过程中的各种结构载流子如极化子、双极化子、孤子、激子等等.超分子体系的不均一性决定了信息传导过程的多通道与多种方式,包括跨膜传导道的传输、特征振荡与特征频率等.特别是纳米尺寸的量子限域效应、神经传导、离子通道与离子泵介电限域效应,体现了特殊界面效应下信息传导的新规律.信息传输与能量补偿相互匹配,保证信息传输稳定与有序的进行.严格来说有三个特点是最主要的:一是快速响应;二是非线性,这就保证了信息传输的高精度和超大容量;三是放大作用,如动物的视觉,视紫色素吸收光发生形状的改变,继而打开通向视神经的离子通道,每吸收一个光子,可产生107个离子的离子流.

1.2 富勒烯类超分子材料的研究概况及进展

1985年三位美国科学家 Harold W. Kroto、Richard E. Smally、Robert F. Curl 发现了碳的第三种同素异形体——C₆₀,他们因此获得了1996年度的诺贝尔化学奖. 1990年德国的 Kratschmer W. 和美国科学家 Huffman D. R. 用电弧法制得了克量级的 C₆₀. 从此,在全世界掀起了一股 C₆₀的研究热,科学家对 C₆₀产生了浓厚的兴趣,一方面是因为它的一些优良性质;另一方面可对它进行化学修饰,拓宽应用领域. 近十几年来,对 C₆₀及其衍生物的研究已涉及信息工程、材料科学、生命科学、超导与光电子学、医学、航空航天等领域. 而基于 C₆₀的超分子材料由于在光照条件下所呈现的特殊的电化学和光化学特性被认为是一类潜在的有价值的有机光伏器件材料.

1.2.1 C_{60} 的结构[8]

C_{60} 是由 60 个碳原子按 12 个五元环和 20 个六元环形成的平截二十面体的球形碳烯,外形酷似足球,所以又名足球烯(如图 1-1 所

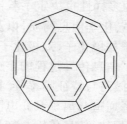

图 1-1 C_{60} 结构示意图

示),它的直径约为 0.71 nm. 五元环中原子间以 C-C 单键连接,六元环中单双键交替排列,相邻六元环的公共边为双键. 单键平均键长 0.138 8 nm,双键平均键长 0.143 2 nm. C_{60} 中每个碳原子采用 SP^2 杂化,相邻碳原子以 σ 单键连接,每个碳原子贡献一个 P 电子在 C_{60} 分子的外面和内腔构成离域大 π 键,因而具有一定的芳香性. 但是它的 π 电子轨道不是平面的,而是呈球面形状,因受球面张力失去其 SP^2 杂化性而略带 SP^3 性质,体现在共轭稳定化能 β 值上(0.027 4),它比苯(0.045 4)、萘(0.038 9)、盆烯(0.039 5)都要小. C_{60} 是没有端边没有氢原子高度对称的球烯,因此不可能进行芳香族化合物的典型反应,如亲电取代反应. 但是由于共振,使双键位于五元环上,因此可以发生双键所具有的反应如亲核加成、自由基反应及络合反应等. C_{60} 的电子亲和能为 2.65 eV,离子化能为 7.61 eV,既可以获得电子也可以失去电子.

1.2.2 C_{60} 及其衍生物的性质[9-24]

C_{60} 及其衍生物在催化、超导、磁性、发光等诸多方面表现出一些独特的性能和潜在的应用前景. 目前合成出越来越多的 C_{60} 衍生物,为 C_{60} 功能材料研究提供了基础.

(1) 催化性能

除了富勒烯本身由于电子亲和力较高,能够催化氧化硫化氢成单质硫外,许多富勒烯的金属衍生物也表现出独特的催化性能:

Nagashima 等发现 $C_{60}Pd_n$、$C_{60}Pt_n$ 对烯烃和炔烃氢化的催化活性；Osbaidiston 等合成的 $[Rh(PPh_3)_2(CO)(\eta_2 - C_{60})H]$ 对乙烯、丙烯的羰基化具有很高催化活性；此外，$C_{60}Pt(PPh_3)_2$、$C_{60}Pd(PPh_3)_2$、C_{60} 的手性膦配合物、$Nd_nC_{60}Al_mCl_s$、$Ru_3^- C_{60}^- Cs^+ /SiO_2$、$C_{60}M_6$($M = Cs$、K、Na)等也具有独特的催化性能. 催化性质研究已成为富勒烯科学发展的一个重要方向，具有潜在的工业应用前景.

（2）超导性能

理论计算表明 C_{60} 固体是一种带隙半导体，能隙为 1.5 eV，电导率一般都小于 10^{-3} S. cm^{-1}（室温），但当 C_{60} 分子与碱金属键合或碱金属嵌入 C_{60} 分子之间的空隙后，由于碱金属与 C_{60} 的相互作用，会使碱金属的最外层电子形成一个导电带，从而使其具有导电性能. 碱金属富勒烯盐的超导性能研究是早期富勒烯研究的热门方向之一，因其 T_c 在液氮温度下，离实际应用还有相当距离. 2000 年 Schon 等报道了在 52 K 时空穴掺杂 C_{60} 获得的场效应晶体管呈超导态，这是迄今报道的非氧化铜超导体中超导温度最高的.

（3）光学特性

1990 年，德国的 Kratschmer 首先测定了纯 C_{60} 的红外吸收光谱，C_{60} 在红外只有四个吸收峰：527 cm^{-1}、576 cm^{-1}、1 183 cm^{-1}、1 428 cm^{-1}. 随后，Bethune 等研究了 C_{60} 的拉曼光谱，光谱显示出 8 条十分清晰的谱线和两条较弱谱线. 理论计算表明 C_{60} 这十条拉曼线及其四条红外吸收正对应于 I_h 点群结构拉曼与红外活性模的完全系，从而证实 C_{60} 属于 I_h 点群结构. 另外，Hare 等对 C_{60} 在有机溶液中的紫外-可见光谱区域作了研究，观测到 C_{60} 在 213、257 和 329 nm 存在较强的吸收峰，在 440～670 nm 之间存在弱宽吸收带.

由于 C_{60} 及其衍生物分子中存在三维的高度非定域 π 电子共轭结构，因而具有优良的光学及非线性光学性能，有望在光转换器、信号转换和数据存储等光电子领域获得应用，已从四方面开展了研究：从反饱和吸收的角度，研究其光限幅性能；从三阶非线性系数角度，研究超快非线性光学特性；从稳态和瞬态角度，研究光电效应；制备

LB 膜(单层、多层),研究其光谱特性. Tutt 等最早研究了 C_{60} 的光限幅性质,发现 C_{60} 在 532 nm 波长处具有良好的光限幅性能,开展了实用光限幅器件的研究,如将 C_{60} 分散于有机高分子制成膜以及通过溶胶-凝胶(sol-gel)方法将 C_{60} 嵌埋于玻璃介质中等.

C_{60} 的非线性光学性质也引起关注,测定了它的三阶非线性系数. 因为三阶非线性系数 $\chi^{(3)}$ 是光电子应用一个重要特性参数. 它的三阶非线性光学极化率在红外和可见区约 $1 \times 10^{-13} \sim 1 \times 10^{-12}$ esu. 许多实验证明 C_{60} 是具有较大光伏效应的一种新材料,用 C_{60} 和 MEH-PPV 制成的 MEH-PPV/C_{60} 双层结构其界面具有类似半导体 PN 结的性质. 近年来,人们对 C_{60} 及其衍生物薄膜的特性日益感兴趣. 在制膜技术上除了使用 PJD 法外,还有使用 Langmuir-Blodgett 技术. 前者特别适用于不溶物以及衍生物无对称中心的制膜;后者主要适用于可溶物质在空气和水的界面上形成稳定的 C_{60} 衍生物的单分子膜,并转移到基板上成膜. 虽然对高度有序 C_{60} 薄膜的研制做了大量工作,但由于 C_{60} 固有的特性,制成的 LB 膜易形成多层膜,只有少数 C_{60} 的化学修饰衍生物可制成单层 LB 膜.

(4) 生物活性

C_{60} 及其衍生物的生物活性也是当前富勒烯研究的一个热点. Friedman 等从理论和实验上都证明了某些水溶性 C_{60} 衍生物对人体免疫缺损病毒蛋白酶 HIVP(Human Immunodeficiency Virus)有抑制作用,他们认为 C_{60} 分子本身先与 HIVP 的活性部分相结合,而 C_{60} 衍生物的亲水性基团则在表面与水形成溶剂层,从而阻断了 HIVP 的活性部位,抑制 HIVP 生长,这是因为 HIVP 的活性部分是一类似开放式圆柱体,其朝外部分几乎仅仅由疏水性氨基酸组成,而 C_{60} 分子直径与此圆柱体相近,C_{60} 分子基本上又是疏水性的,故 C_{60} 分子可与 HIVP 的活性部分相结合. 他们也发现 C_{60} 对 2 个具有催化作用的丁氨二酸(ASP25,ASP125)有促进水分子切断肽链的作用. 由于水溶性的 C_{60} 氨基酸具有生物活性,促进了这类衍生物的合成工作;1997 年《Science》报道了含 6 对水溶性羧酸的 C_{60} 衍生物具有活化饥饿细胞的作用,并可使 LouGehig 疾病的老鼠寿命延长 10 天,比迄今的其它药物的效果都好,引起广大神经医学研究者的兴趣;Tokuyama 等发现某些水溶性 C_{60} 羧酸及其盐衍生物在光照下能抑制毒性细胞生长.

1.2.3 富勒烯的超分子化学[25-32]

有关富勒烯形成超分子方面的报道有很多,其衍生物也可以形成超分子,主要以富勒烯 C_{60} 或 C_{70} 自身为底物(substrate)或客体(guest)通过与受体(receptor)或主体(host)的分子识别形成超分子(supermolecule)或包结物(inclusioncomplex). 涉及的主体主要有:环糊精、冠醚类化合物、环芳烃、分子筛、胶束、膜等.

Wennerstrom 等把 C_{60} 置于 γ-环糊精水溶液中回流 48 h 首次得到可溶于水的 C_{60} 包结物,UV-VIS 光谱检测显示包结物与 C_{60} 的环己烷溶液具有相似的吸收值. Diederich 等采用烷基化六氮杂环化合物和烷基化八氮杂环化合物(冠醚类化合物)作为主体与 C_{60} 或 C_{70} 形成 1:1 的包结物,并且研究了形成混合膜的一些问题. 该混合膜与纯大环多胺有相似的 π-A 等温线,这说明 C_{60} 或 C_{70} 已进入到大环多胺的环腔中.

Keizer 等报道了 C_{60} 能进入到活化的 13X 分子筛的微孔中. Gugel 等研究了 C_{60} 与活化的 VPI-5(Virginia Polytechnic Institute Number 5)等在真空中加热至 450℃ 的包结反应. 同时 Anderson、Leigh 等将 C_{60} 溶解于苯中,在 50℃ 下加入 VPI-5 搅拌一夜,使 C_{60} 分子渗入到 VPI-5 的微孔中. 用激光照射发现纯粹的 VPI-5 不发光,而有 C_{60} 分子渗入的 VPI-5 都发光,并且光很强. 通过测其发射光谱发现与 C_{60} 单独发出的较弱的光谱大不一样,包结物的光谱几乎完全是可见光谱. 这种包结物有可能被用在制造能发射各种频率的激光器和平面投影显示屏上. 这方面的研究工作才刚起步,要想得到理想的发光材料还有很长的路要走. 但一旦获得成功,其意义非凡.

Paul 等人利用 Diels-Alder 反应将卟啉和 C_{60} 两个生色团通过双

桥连在一起,并研究其光物理性质,发现锌卟啉-C₆₀衍生物在甲苯及苯腈中均可发生分子内的电子转移,空心卟啉-C₆₀衍生物只有在苯腈中才发生分子内的电子转移,表明锌卟啉对电子转移具有稳定作用.

    Hiroshi 等人首先通过二溴甲苯衍生物的 Diels-Alder 反应将卟啉和 C₆₀利用较长的键桥连在一起,吸收光谱和电化学测试表明两者之间有微弱的相互作用,从锌卟啉的单线态到 C₆₀的分子间电子转移可由皮秒瞬态吸收光谱检测到. 他们还利用亚胺叶立得反应将卟啉和 C₆₀通过吡咯烷以较近的键桥连接在一起,电子吸收、电化学研究等表明两个生色团之间具有明显的相互作用.

    Tashiro 等合成了一种含 C₆₀的环状卟啉锌双体的超分子(见图 1-2),并对其紫外吸收光谱进行了测量.吉林大学封继康等用半经验 AM1 和 PM3 方法研究了此类超分子的稳定几何构型.用 ZINDO-SOS 方法对分子的电子光谱、三阶非线性极化率进行了计算. 该分子

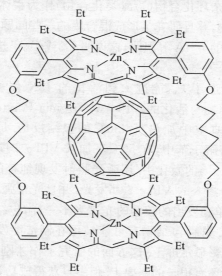

图 1-2　内含 C₆₀的环状卟啉锌双体超分子的分子结构

在不同的外场频率下,三阶非线性极化率为 $48.23 \times 10^{-34} \sim 65.15 \times 10^{-34}$ esu,将是一种有很好应用前景的非线性光学材料.

李文铸、黄文栋等采用逆相蒸发技术得到了水溶性的 C$_{60}$-脂质体包结物,当该包结物与体外培养的人体子宫颈癌细胞融合后,用卤素灯照射,发现对癌细胞具有很强的杀伤能力.讨论了其杀伤机理,认为同时存在单线态氧和氧自由基两种机制,近来又研究了 C$_{60}$ 光激发对红细胞膜流动性的影响.采用脂质体来包结富勒烯的最大特点是形成的包结物能直接应用到生物体内与细胞相互作用,这大大方便了对富勒烯生物效应的研究.

封伟等通过溶液共混的方法制备了聚苯胺-富勒烯复合膜,研究表明聚苯胺与 C$_{60}$ 之间存在有效光诱导电荷分离现象,复合膜的光吸收增大,光电流增大,掺杂 C$_{60}$ 能改善复合膜的光伏效应.

1.3 金属酞菁类超分子材料的研究概况及进展[33-44]

酞菁最早的发现是在 1907 年,两位英国化学家 Braun 和 Tcherniac 企图用邻苯二甲酰亚胺与醋酐脱水反应来合成邻氰基苯甲酰胺,结果意外地得到一种深蓝色化合物(后来证实是无金属酞菁).1927 年瑞士的 Diesbach 与 Wein 试图用邻二溴苯在吡啶中与氰化亚铜反应制备邻苯二氰时,其结果所得产物并非邻苯二氰,而是一种对酸、碱、热十分稳定的深蓝色铜络合物.紧接着在 1928 年,苏格兰的一家工厂在检查邻苯二甲酸酐与氨水的反应设备时,发现在破碎搪瓷露出铁的部分形成绿光蓝色沉淀物.不久在实验室里由邻苯二甲酸酐、铁屑和氨水合成了此蓝绿色物质,而且由 Dandridge 等人用 CuCl 代替铁屑制得了更鲜艳的蓝色颜料.在 1929 年,英国 ICI 公司发表了第一个生产酞菁蓝的专利.1934 年,英国帝国大学的 R. P. Linstead 等人深入研究了该化合物,并称之为酞菁"phthalocyanine"命名,用来区别于卟啉类化合物(porphyrin).

70 年代中期以前,酞菁化合物研究的重点主要有两个方面:一是从纺织品、印刷油墨、涂料和塑料等专用着色的角度出发研究开发一些酞菁类商品染料和颜料;二是从化学的角度出发,研究不同金属取代、不同周边取代的酞菁化合物的合成和它们的光化学、光物理性能以及分子结构、晶体结构等. 近二十年来,随着现代高技术的发展,出现了对功能性染料的需求,而酞菁类化合物以其独特的光化学、光物理性质及廉价、低毒的优点,引起研究者的极大关注,并在电子照相、太阳能电池、光盘和非线性光学中得到广泛的应用. 铝、镁、锌、镓等酞菁配合物具有较强的光催化、光敏化、氧化还原能力和荧光特性,作为生物体中肿瘤细胞的检测和抑制肿瘤细胞生长的活性物质的研究受到了人们的高度重视. 但由于无取代基的酞菁类化合物具有低溶解性、难成膜等弱点,在一定程度上影响了它们的研究和应用,因此,人们在研究应用无取代基酞菁类化合物的同时,也在努力寻找溶解性好而又兼具无取代基酞菁化合物优点的新型取代型酞菁化合物.

1.3.1 酞菁化合物结构和特性

(1) 酞菁的结构和物理性质

酞菁的分子结构可以看作具有四个异吲哚啉单元的衍生物,由四个异吲哚环组成一个封闭的十六元环,在环上氮、碳交替连接,形成一个有十六个 π 电子的环状轮烯发色体系. 其结构与天然的叶绿素、血红素相似.

具有酞菁结构的化合物可分为下列两种类型(如图 1-3、图 1-4):一种是酞菁本身,不包含金属原子;另一种是含金属酞菁. 据不完全统计,目前合成的金属元素酞菁品种已接近 50 种,涉及的金属元素有 Fe、Co、Ni、Al、Ca、Cu 等. 金属酞菁络合物由于各元素的物理化学性质不同,络合物性质也有显著差异,其中一部分金属元素(大部分是碱金属和碱土金属)和酞菁母体是以电子键结合的,故在酸性介质中甚至在水中都能脱掉金属而成为"空壳"酞菁. 含有碱金属和碱土金属的酞菁衍生物极性较大,一般在有机溶剂中不溶解,在高温真空下也不升华;另一部分是含有重金属元素的金属酞菁化合物,它们与酞菁形成共价键,略溶于高沸点有机溶剂中,如氯苯、喹啉等,这些酞菁也能在真空高温下(560℃)升华,得到漂亮的结晶体.

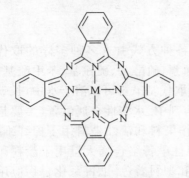 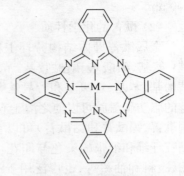

图 1-3　酞菁结构示意图　　　　图 1-4　金属酞菁结构示意图

酞菁及其金属络合物均具有较高的芳香性结构,对热、光、潮湿、空气等表现出卓越的稳定性,在浓硫酸、浓盐酸、浓碱中不分解.

酞菁和金属酞菁不溶于水,也不溶于多数有机溶剂,仅在少数溶剂中(如 α-氯萘、喹啉)于沸腾下有微量溶解;溶于浓硫酸、氯磺酸、磷酸及三氯醋酸并生成盐,加水时发生分解,又析出原来的酞菁.

酞菁类染料的吸收光谱同卟啉相似,有两个主要吸收带:紫外光区的 B 带即 Soret 带和可见及近红外光区的 Q 带,但其吸收带的强弱与卟啉正好相反,酞菁的 B 带为弱吸收而 Q 带为强吸收. Q 带受稠合苯环个数、取代基等影响,λ_{max} 一般位于 650~850 nm,较卟啉 Q 带红移 100~200 nm. 在酞菁四周接上苯并基团后所形成的萘酞菁是酞菁化合物中十分重要的一种,由于共轭体系的增大,Q 带会发生相应的红移,其溶液光谱 λ_{max} 一般位于 750~850 nm,较相应的酞菁红移 100 nm 左右. 在酞菁分子的周边苯环上引入吸电子基团(如氯)也可使其吸收谱带红移,而金属原子引入到酞菁环中心后其吸收谱带通常会蓝移. 这主要是因为光谱的产生是 π 电子从分子的中心转移到四周的芳环上所引起的,当金属原子引入中心后,其配位效应会减弱氮原子上的电子云密度. 这一点无论从理论计算, 还是从具体的实验结果中都得到了很好的证明. 理论上酞菁分子的 18 个 π 电子的结构决定了 λ_{max} 红移的范围, 从目前所了解的文献资料看其 λ_{max} 很难达到 900 nm.

(2) 酞菁的化学性质

金属酞菁母体结构芳环上能以各种方式引入多种多样的取代基: 氨基、磺酸基、磺酰胺基、苄基、卤素、硫醇基、硫氰基、苯甲酰基、萘酚基、苯基、烷氧基和芳氧基等. 含取代基酞菁可以溶于水中, 长碳链的脂肪磺酰胺可以使之溶于有机溶剂中. 水溶性金属酞菁(主要是铜酞菁、镍酞菁和钴酞菁)可以直接作染料和活性染料用于棉纤维、粘胶纤维和纸张的染色与印花, 不溶性酞菁络合物大量用于涂料印花、涂料和油墨等, 也广泛用于油漆和塑料着色. 酞菁系化合物应用很广, 不仅作为颜料和涂料是一个不可多得的翠蓝色谱, 而且近年来在有机半导体、氧化-还原催化剂、信息储存材料、光动力学治疗等方面都进行了广泛的研究, 具备许多特点.

1.3.2 酞菁的应用

(1) 在信息材料方面的应用

a. 酞菁光记录介质材料

自 1972 年 Philips 公司推出激光光盘这一信息记录系统以来, 该系统便以其记录密度高、储存容量大、可随机存取等优点而得到青睐. 最早投放市场和商品化的一次写入光盘是用碲金属等无机材料作记录介质的, 由于它在空气中易受潮、氧化而使信息消失. 而使用有机染料作光盘记录介质, 由于其熔点和热扩散系数较金属介质低, 可获得高灵敏度(写入时间达到 ns 级)、高分辨率(1 000 条/mm)、高信噪比(50~60 dB)、低成本的优质光盘. 现在广泛用于 CD - R 的有机记录材料有花菁染料、酞菁和偶氮染料等. 用花菁染料制成的 CD - R 光盘呈绿色, 称"绿盘"; 酞菁染料光盘呈淡绿的金色, 称"金盘"; 偶氮染料光盘为蓝褐色, 称"蓝盘". 酞菁类化合物被证明是一次型读写光盘中很有前途的记录材料,它的广谱性好,对紫外、可见及近红外都很灵敏. 酞菁类化合物除了和半导体激光波长(780 nm)匹配外,还和 He-Ne 激光器输出波长(632.8 nm)相匹配;从化学稳定性和光吸收强度来看,酞菁染料是一类很好的光吸收剂,耐热耐光稳定性和抗氧化性较好,在空气中分解温度大于 400℃. 在有机染料中,酞菁制成的 CD-R 光盘预测寿命在 100 年左右,花菁染料 CD-R 光盘预测寿命在 10 年以上,偶氮染料处在两者之间. 酞菁毒性低,对皮肤、眼睛无刺激,早在 1954 年铜酞菁在德国就已被允许用作食品着色剂,现在又作为光动力疗法的光敏剂. 它的主要缺点是溶解性很差,但可使其周边或轴向带上空间位阻较大的侧链以改善其溶解性,一般作为光记录介质的取代基有-R、-OR、-OPh、-SPh 和-SR 等. 最近几年,能够在灵敏度、溶解度和稳定性方面全面满足 CD-R 染料要求的酞菁染料衍生物的数量急剧增加,酞菁染料在市场上的销售量逐年上升,多家外国公司的商品化光盘采用了酞菁类染料作为记录介质.

b. 酞菁染料激光

近年来,随着光电子技术的迅猛发展,人们越来越重视可调谐的激光器的开发. 像半导体激光器等固体激光器、二氧化碳激光器等气体激光器一般只能输出某一固定波长的激光,而染料激光器就是可以满足这种需要的一类激光器. 目前染料激光器的调谐波长范围可以从 308.5～1 850 nm. 染料激光器中的工作物质是激光染料,用于发生激光的染料品种已有近千种. 一般地,能够产生激光的染料需要符合以下要求:(1)染料的荧光量子效率高;(2)在激光发射波长处,染料没有或很少吸收;(3)染料分子荧光光谱与三线态吸收光谱不发生重叠;(4)染料在溶剂中有足够的溶解度;(5)稳定性好,特别是光化学稳定性好,应有足够的耐光性. 酞菁类染料由于其特殊的 π-电子共轭大环结构、优越的热稳定性和化学稳定性、价廉低毒、可见光区良好的光谱响应等特性,越来越为人们所关注,可成为开辟有机发光材料的一条新

途径. 1966 年,由 IBM 公司研制成功的第一台染料激光器的工作
物质就是溶解在乙醇中的氯化铝酞菁染料,其发射激光波长为
694.3 nm,照射到酞菁乙醇溶液时,酞菁分子发射出波长为
755 nm 的激光束. 为了达到宽的调谐范围,可以利用有不同
Stokes 位移的混合染料来解决. 浙江大学高分子科学与材料研究
所的陈红征、骆晓宏、汪茫等研究了稀土铕酞菁配合物与有机激
光染料罗丹明的共混复合发光特性,发现 α - HEuPc$_2$/RB 共混复
合物的荧光光谱既不同于纯 α - HEuPc$_2$ 和纯 RB,也不是两者的叠
加,而是在 565.9 nm 处出现了一个新的带状发射峰.

c. 酞菁光导材料

广泛应用的激光打印机和静电复印机的心脏部件是光导鼓,
光导鼓的核心材料是光电导材料,即在光的辐射下能产生光生载
流子的光电信息材料. 光电材料曾使用过硒、氧化锌、无定型硅等
无机感光体,但近来有机光导体因其具有可挠性、透明性、高分辨
率、双重电极性、价廉、图象质量稳定及耐刷寿命好、制备过程中
不会产生环境污染等优点而得到广泛应用. 有机光电导材料的专
利很多,其中酞菁类配合物具有优异的光热稳定性、低(无)毒、环
保、生产成本低,可通过结构改性提高其溶解性(尤其是在醇溶剂
中的溶解度),成为分子状态的微粒,可以大大提高感光鼓的影像
分辨率. 因此,用于激光打印机上最多的是酞菁系列配合物,如日
本佳能公司推出的 LBP - 10 型激光打印机. 已开发的有无金属酞
菁、两价、三价和四价金属酞菁配合物,如铜酞菁,铝、镓铟酞菁的
氯化物或溴化物、钒酞菁和钛氧基酞菁. 酞菁在光导体中通常是
作为电荷产生材料. 正常情况下,酞菁配合物是绝缘体,一旦吸收
光子(复印机用的是可见光,激光打印机的扫描光源大多是波长
为 780 nm 的半导体激光)后便产生 Frenkel 激子,在静电引力的
相互作用下形成束缚的电子-空穴对,束缚的电子-空穴对在外电
场和热运动的作用下,离解成自由载流子. 酞菁配合物具有较高
的光生载流子效率.

d. 酞菁电致变色材料

通过通电和放电的方法能够可转换地改变颜色的材料称为电致变色(EC)材料. 电致变色材料广泛应用于：光信息和储存的可控光折射或光传输器件、电子显示领域. 实用的电致变色材料必须满足以下条件：1) 在可见光区有足够强的吸收谱带；2) 颜色变化必须是可逆的, 没有副反应；3) 在室温低压下具有适当的对比度. 在众多的电致变色材料中, 酞菁最具竞争力. 1972 年俄国学者 Kirin 及其合作者首次发现了在外加电压$-0.8 \sim 1.0$ V 的范围内 $Lu(Pc)_2$ 电致变色现象. 随后人们对一系列双层金属酞菁配合物进行了广泛研究, 1979 年美国学者 Nichoison 等发现, 在更大范围的外加电压下, $Lu(Pc)_2$ 发生氧化还原反应, 呈现更多的颜色变化且电致变色速度非常快, 一个由 50 层 $Lu(Pc)_2$ 分子组成的膜的所有颜色变化可以在 50 μs 的时间完成, 同时 $Lu(Pc)_2$ 膜还非常稳定, 在经过 104~105 次由绿到红的可逆变化后, 其颜色的强度只有很小的降低. 而混合稀土酞菁, 不仅可以改善酞菁的光谱响应曲线, 使之更适应人的视觉响峰值, 而且使工作寿命提高到 107 次以上.

e. 酞菁电致发光材料

电致发光是将电能转变为光能而没有热能产生的一种现象. 电致发光材料可分为无机和有机材料, 无机材料脉冲激发需要较高交流电压(220 V), 缺少蓝光, 且外围设备较昂贵；而有机材料可以在直流低压下工作, 功耗少, 易弯曲, 可实现大面积显示, 发光颜色能包括整个可见光区, 分辨率高, 制造成本低, 这正是平板显示器技术、超薄彩色显示器所需要的. 一个典型的三层结构电致发光器件为：玻璃 ITO(正极)/空穴传输层/发光体/电子传输层/Mg - Ag(负极). 酞菁及其配合物是典型的空穴传输材料, 即通过不断地可逆氧化还原过程给出电子而形成空穴传输. A. Fujii 等分别由 H_2Pc、H_2Pc 和 DCM 制备的发光二极管, 发现光致发光光谱在蓝光和红外区分别有一个峰, 红外发射起源于酞菁 Q 带的辐射跃迁, 在 19 V 的直流驱动电压下, 300 K 到 77 K 范围内, 光发射强度随温度下降而增强. 由于酞菁及其配合物具有较高的耐光热稳定性,且通过分子改性,可以提高其溶解性,能够形成较好的薄膜,因此是很有前途的电致发光材料. 顾建华等用荧光黄作发光层,以酞菁铜作空穴传输层,构成了三种结构类型的电致发光器件,发现含酞菁铜的双层器件在较单层器件电流密度小的情况下,亮度反而增大,尤其是 LB 膜的酞菁器件,在相同电压下的光亮度大大优于单层荧光黄膜.

f. 酞菁非线性光学材料

非线性光学(NLO)是研究在强光作用下物质的响应与场强呈现非线性关系的科学. 物质在激光束的强振电场作用下产生一个非线性的极化响应,从而产生一个性质改变了的新光源. 具有上述性质的物质就是非线性光学材料. 它在光学通信、光子计算机和动态成像等高新技术中都有广泛应用. NLO 材料有无机和有机材料,就有机材料而言,由于其典型的分子间作用力,从而可以依据需求,实现分子水平上的材料设计. 酞菁作为具有二维大 π 共轭体系的分子,具有很强的低能量吸收特性,优异的热和化学稳定性,以及很强的光电导性. 通过改变酞菁周边和轴向的取代基,结合引入中间的配位金属的不同,可以优化酞菁的分子结构及物理化学性能,从而达到优化其非线性光学性能的目的. 刘云圻等人研究了酞菁分子的二阶非线性光学性质,他们在酞菁的周边同时引入吸电子取代基(A)和推电子取代基(D),形成 D-π-A 型的不对称酞菁,打破了酞菁的对称性,获得了高度极化的 π 共轭体系,使酞菁分子获得了二阶非线性光学性能. 他们合成了如 BBBA 型的不对称酞菁. 以 1 064 nm 波长激光输入,观察到了 532 nm 波长的二次谐波输出. B 为特丁基,A 为硝基或氨基,氨基和特丁基都是给电子基团,但是它们的电子亲和势不同,硝基是强吸电子基团. 其中三特丁基硝基酞菁 NtBuPc 的 LB 膜有很高的二阶极化率,$\chi^{(2)}$ 达 2×10^{-8} esu,配位铜后增加到 2×10^{-5} esu. 通常具有大的 $\chi^{(2)}$ 值的二阶非线性光学材料在倍频、光通讯参数振荡、快速光调制等领域有广泛的应用前景. K. Martim 等对气相沉积的 H_2Pc 复合 LB 膜研究表明,酞菁具有较高的共振三阶线性响应,这种非线性响应由激子动态特性决定,非线性响应衰减主要由激子-激子淬灭的双分子机制决定. 经常应用分子的三阶非线性光学性质,制作光限制器、光开关和光调制.

(2) 光动力治疗方面的应用

酞菁类光敏剂作为第二代光敏剂在光动力治疗方面的研究已取得长足的进步,尤其是锌酞菁和铝酞菁备受关注,有望成为治疗癌症的药物.

a. 水溶性酞菁

用于光动力治疗的酞菁类光敏剂的合成研究,重点集中于解决它们的可溶性和聚集性质,因为这两者对酞菁的生物活性、在体内的分布状况及单重态氧的产率有很大影响. 由于亲脂性酞菁难于代谢,可能导致皮肤的光中毒,因此很多研究者倾向于合成水溶性酞菁,例如磺基、羧基、膦基类取代酞菁等,这些都属于阴离子型酞菁. Leznoff 等制备了四-N,N 二乙胺丙基锌酞菁和它的 N 甲基化的带 4 个正电荷的阳离子酞菁;Whrle 等制备了四-3-氧化吡啶基和四-2-二甲胺基乙氧基锌酞菁,并用不同的烷基将其季碱化形成了一系列的阳离子酞菁. Daniel 等合成了一种阳离子酞菁,发现这种酞菁与其他的酞菁相比,光物理性质没有改变,取代基对激发态参数没有影响. 然而由于聚集效应取决于取代基和溶剂,他们所合成的正电性取代酞菁的库仑效应太小而不能阻止酞菁聚集. Maria 等合成了含 8 个阳离子的水溶性酞菁,证实了 8 个正电荷足以阻止酞菁的聚集,标志着用于光动力治疗的阳离子水溶性酞菁的研究向前迈进了一大步. 同时,由于正电性的光敏剂可直接作用于线粒体,这对癌症的治疗是大有裨益的.

b. 两亲性酞菁

除了正电性酞菁之外,还有的研究组致力于合成两亲性酞菁,即既含亲水基团又含亲脂基团的酞菁,这类酞菁可提高治疗对癌变组织的选择性. 相关报道有:黄金陵等合成了二磺基二邻苯二甲酰亚胺甲基酞菁锌,并对其抗肿瘤活性进行了研究,发现其光动力抗癌活性较高,他们认为是这个分子的平面大环周边上的亲水基团和亲脂基团的比例为 2：2,且呈顺式排布的特殊的两亲性结构使其穿过癌细胞膜,进入细胞的能力增强了. Griffiths 等将本身就是光敏剂的四磺酸基酞菁锌与多个不同的氨化物反应制备了一系列四磺酸胺化物酞菁,这也是一种可能改变酞菁类光敏剂的亲水性或亲脂性的方法.

c. 萘酞菁

最近人们发现萘酞菁有较好的光物理性质,使萘酞菁光敏剂在光动力治疗界引起了注意. 萘酞菁在 750～780 nm 处有非常强烈的吸收,比同在可透过皮肤和组织的光波长范围之内的 630 nm 处的吸收多了近一倍. Whrle 等早在 1993、1994 年已对萘酞菁进行了研究,发现取代基对萘酞菁的光敏活性有较大影响,其光敏活性是 $NHCOCH_3$、OCH_3、H 和 NH_2 依次降低,这个发现促使他们合成了一系列新的萘酞菁胺化物,这些胺化物具有不同的分子间作用力,不同的亲脂性能和不同的分子大小,并将其作用于患有 Lewis 肺癌的小鼠,研究了其药物动力学和光动力学性质. 经过比较,所得到的萘酞菁因为有较好的肿瘤定位性,能较快从皮肤消除(注入后 72 h),在较低浓度时就有较高的光毒性以及胞内定位性,可降低早期血管损伤,而 ZnNc 是其中最具有前途的光敏剂. 有研究者如 Spikes 等甚至将相似的酞菁和萘酞菁进行了比较,尽管如此,与锌酞菁和铝酞菁比较起来,萘酞菁目前在商业化上还没有引起重视.

1.3.3 富勒烯/酞菁超分子材料的研究概况及进展[45-55]

基于 C_{60} 的超分子材料由于在光照条件下所呈现的特殊的电化学和光化学特性被认为是一类潜在的有价值的有机光伏器件材料. 酞菁及其金属化合物由于具有平面大 π 体系而呈现给电子性能,与之相比,C_{60} 是一种优良的电子受体材料. 而富勒烯/酞菁超分子体系由于具宽吸收和类半导体性能,是一类更有竞争力的有机光伏器件材料.

Hiroshi 等以 ab initio 计算法研究了酞菁及其金属化合物与 C_{60} 超分子体系的几何与电子结构(图 1-5),研究表明超分子体系的最低未占有轨道(LUMO 轨道)能级与 C_{60} 的 LUMO 轨道能级相近,而超分子体系的最高占有轨道(HOMO 轨道)能级高低与酞菁的取代基有关.

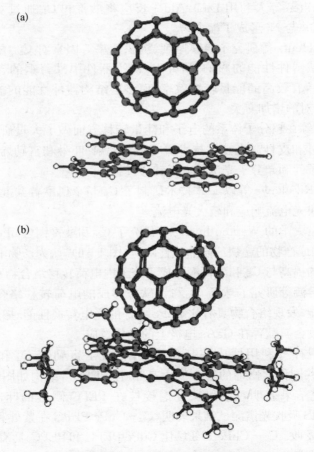

(a)

(b)

图 1-5　空心酞菁-富勒烯和酞菁锌-富勒烯超分子的优化结构

Toccoi 等以超音速分子束生长技术制备了 C_{60}/酞菁锌共沉积膜,对分子初始状态和动能的控制将影响薄膜的光学性能. 在较高动能下制备的共沉积膜的酞菁锌第一吸收带明显蓝移;并在 1.5 eV 附近出现了新的吸收带,对应于 C_{60} 与酞菁锌间的电子转移络合物. 研究表明共沉积膜没有出现相分离现象. 共沉积膜应用于太阳能电池具有良好的光伏响应特性、稳定性和重复性.

Torsten 等人利用 Diels-Alder 反应将酞菁和 C_{60} 通过双桥键连在一起,并与 Ni 形成了配合物.

S. Heutz 等研究了薄膜厚度、沉积速率等因素对 C_{60}/酞菁铜异质结光伏器件性能的影响. 研究发现,当器件中酞菁铜的含量达到 75% 时具有较高的能量转换效率. 而多层结构器件性能的提高与给体-受体对的增加有关.

Ito 等在超分子体系的电子和能量转移方面做了大量研究工作,利用纳秒和皮秒激光光解技术研究了富勒烯-卟啉和富勒烯-酞菁体系的分子间和超分子光诱导电子转移过程.

M. Rikukawa 等以 L-B 技术研制了 C_{60} 与金属酞菁共混膜,此薄膜具较快光电流响应和较大光电流.

北京大学的 Wentao huang 等研究了 C_{60} 和酞菁铜(CuPc) Diels-Alder 加成产物的超快三阶非线性响应(图 1-6). 认为产物非线性光学性能的提高与 C_{60} 和酞菁铜形成了分子内电荷转移络合物有关.

陈再鸿等研究了球烯 C_{60} 与锌酞菁形成的电荷转移络合物的光电导性能,发现络合物具有比 ZnPc 更好的光电转换性能. 掺杂 C_{60} 能增强过渡金属酞菁在 GaAs 电极上的光伏效应.

陈卫祥等利用傅氏烷基化反应,合成了富勒烯 C_{60} 和酞菁铜(CuPc)共同化学修饰的聚环氧丙基咔唑(PEPC),结构如图 1-7 所示. 研究结果表明,C_{60} 和酞菁铜接枝在 PEPC 侧链的咔唑环上. UV-VIS 吸收光谱测试结果表明,C_{60}-CuPc-PEPC 在紫外和可见光区都有吸收. C_{60}-CuPc-PEPC 比 CuPc-PEPC 和 PEPC 具有更好的光电导性能.

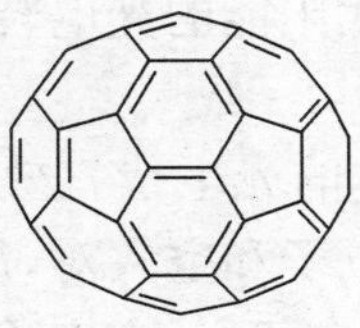

C_{60}

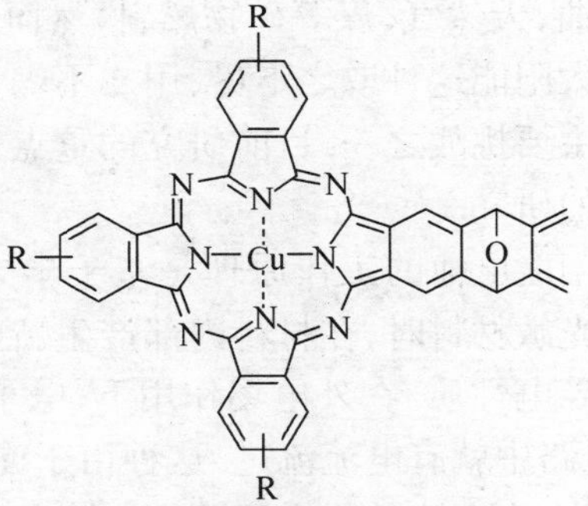

CuPc(1)

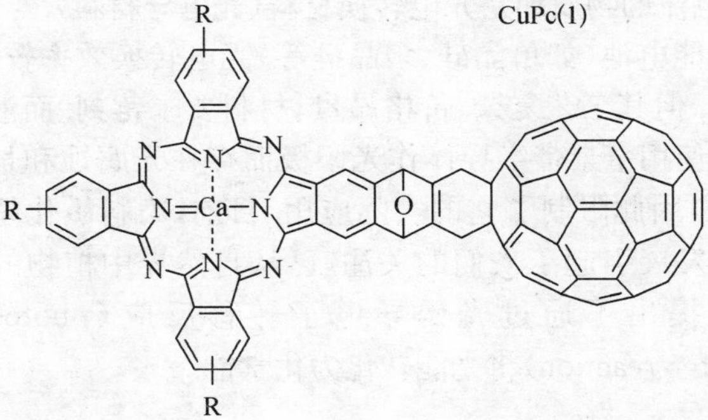

CuPc-C_{60}(2)

图 1-6　C_{60} 和酞菁铜 Diels-Alder 加成产物结构示意图

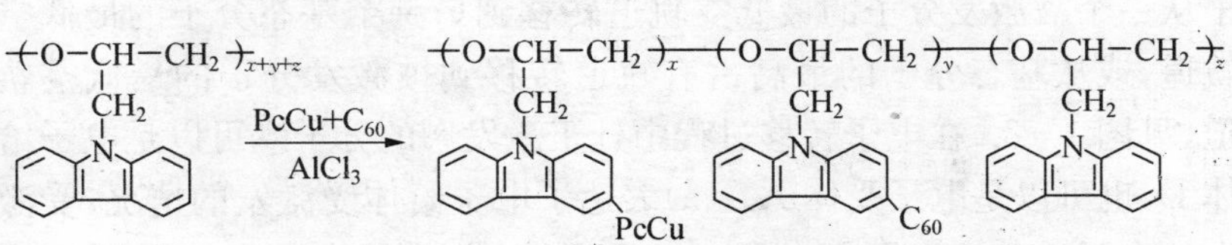

图 1-7　C_{60} 和 CuPc 共同修饰的聚环氧丙基咔唑结构图

1.4　有机超分子体系的光电转换性能[56-61]

能源问题一直是人类关心的主要问题,目前使用的能源大多来

自于石油、天然气、煤等矿物燃料,然而这些能源是有限的.如何高效
地利用太阳能这种取之不尽、用之不竭、没有污染的能源将是本世纪
面临的主要挑战之一.目前研究的重点是太阳能的光电转换,即太阳
能电池的研究.

太阳能电池的工作原理是基于半导体的光生伏打效应,当光子
入射到光敏材料时,在材料内部产生新的电子和空穴对,从而改变了
材料的导电性质.在外电场作用下,电子移向正极,空穴移向负极,这
样,外电路中就有电流流过.这种由于光激发而产生的电流称为光电
流,能产生光电流的物质即是光电转换材料(光电导材料).

固态太阳能电池(如单晶硅、多晶硅等)光电转换效率较高,已进
入实用化阶段.但其工艺复杂、价格昂贵、材料要求苛刻.而液结光电
化学电池由于使用窄禁带半导体作光阳极而存在光腐蚀和长期稳定
性不好等问题,因此限制了它的实际应用.目前,染料敏化超分子光
电化学电池的发展引起了人们的关注.已从自然界中植物的光合作
用得到启发,提出了通过光诱导电子转移反应(photo-induced
electron transfer reaction)将光能转化为化学能.

1.4.1 光诱导电子转移基本概念

光诱导电子转移反应是一个单电子反应,即在光作用下,一个电
子从一个被激发分子的最低空轨道转移到另一个基态分子的最低空
轨道,或从基态分子的最高占有轨道转移到被激发分子的最低空轨
道,见图 1-8.在电子转移过程中处于激发态的分子既可以是电子给
体 D,也可以是电子受体 A.(a)表达了电子给体受激发的情况,受激
发的电子给体 D^* 吸收光子,其 HOMO 轨道上的一个电子跃迁到
LUMO 轨道中,然后再经过(b)过程,激发态给体 D^* 的电离势比其基
态低,更容易给出电子,电子由 D^* 转移到 A,完成了电子的转移,形
成 D^+ 和 A^-;反之,(e)表达了电子受体受激发的情况,当 A 吸收光
子,从基态 A 变成了激发态 A^*,其电子由 NOMO 轨道跃迁到
LUMO 轨道,这时激发态受体 A^* 的电子亲和势增加,使其比基态更

容易接受电子,电子由 D 转移到 A*,完成了电子转移(d 过程),形成 D$^+$ 和 A$^-$. 两者过程不同,但最终都达到了(c)的状态. 电子给体和电子受体可以是分子内的两个部分结构,即电子转移在分子内完成;也可以存在于不同的分子之中,电子转移在分子间进行. 无论哪一种情况,在光消失后,电子空穴对都会由于逐渐重新结合而消失,导致载流子下降,电导率减低,光电流消失.

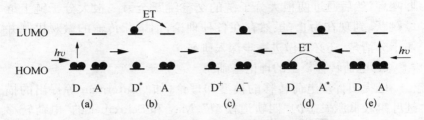

图 1-8 光诱导电子转移分子轨道示意图

1.4.2 光生载流子的电荷传输理论

电荷转移(Charge Transfer, CT)是涉及物理、化学、材料、生命、信息等科学领域的重要前沿课题. 早在 20 世纪 60~70 年代,人们就对有机材料的电荷传输过程机理开始了研究,其中较重要的机理主要有能带传输模型和跳跃传输模型.

1. 带传输模型

在电场的作用下,价带中的空穴和导带中的电子产生运动,其迁移率如下式所示:

$$\mu = 4eL(2\pi mkT)^{1/2}/3 \tag{1-1}$$

其中 m 为电子和空穴的有效质量,k 为普朗克常数,T 为温度,L 为平均自由程,能带模型的特征是当温度较低时,L 随温度的升高而增大,从而使 μ 增大;高温时,L 与 $T^{-n}(0 < n < 2)$ 成正比,温度升高 μ 减小,当 $\mu \leqslant 1 \text{ m}^2 \cdot \text{V}^{-1} \cdot \text{S}^{-1}$ 时,能带模型不适用. 由于有机光电导材料的结晶不完整,使能带模型缺乏结构依据.

2. 跳跃传输模型

最早使用的电荷传输材料是聚合物聚乙烯基咔唑(PVK),人们对于其中的电荷传输作了大量研究,结果表明其电荷传输的基本机理就是空穴传输,即相邻咔唑基团之间发生跳跃式传输,而电子的每一次跳跃传递就完成了空穴的反方向传递,PVK 中空穴生成后,先在同一根大分子链上相互平行的两个咔唑基之间连续跳跃 50～100 个咔唑环,然后通过两根大分子链的交替跳跃至另一根大分子链上继续跳跃. 到现在为止,虽然存在各种理论,但电荷传输的微观机制并不十分清楚,还必须做进一步深入研究.

3. 电荷转移模型的理论基础

已提出许多电荷转移的模型和理论,如 Gouterman 等提出的描述卟啉较低激发态的"四轨道模型"、May 和 Schreiber 的"电荷转移密度矩阵理论"等,均源于 50 年代的 Muliken 理论. Muliken 理论认为,CT 络合物的基态波函数主要由非键结构(DA)和一部分的 CT 结构($D^+ A^-$)所组成,其中 CT 结构主要为激发单线态. 根据 Shen 和 Forrest 所给出的定义,电荷转移激子(CT excition,CTE)是介于两个极端的中间态,即激子既不过于延伸也不过于紧密的限制在单个分子上. 由于 CTE 的概念是源于给体-受体络合物晶体中的最低激发态,CT 络合物(包括基态和激发态)通常被认为是未松弛的极化对,是带有正极化子和负极化子电荷对的一系列离散的、可分辨的、相邻的分子. 在此基础上又发展了激基缔合物(Excimer)和激基复合物(Exciplex)的概念. 激基缔合物(Excimer)是由一个受激色团 $^1A^*$ 与未激发色团 ^1A 相互作用($^1A^* + {}^1A$)而形成$[{}^1(AA)^*]$. 这类激基缔合物由于激子与 CT 构型共振而稳定,即:$^1(A^* A) \leftrightarrow {}^1(AA^*) \leftrightarrow {}^1(A^- A^+) \leftrightarrow {}^1(A^+ A^-)$. 相应的激基缔合物波函数 $\psi_{excimer}$ 可表示为:

$$\psi_{excimer} = C_1[\psi(A^* A) + \psi(AA^*)] + C_2[\psi(A^- A^+) + \psi(A^+ A^-)]$$

$$(1-2)$$

其中 C_1/C_2 及激子对 CT 贡献的相对大小随材料种类的不同而异. 激

基复合物(Exciplex,又称电荷转移的激基络合物)不同于 CTE(电荷转移络合物的激发态),是指仅在激发态稳定的电荷转移络合物. 单线态激基复合物的形成与激基缔合物的形成相似,即是由两个不同的色团 A(acceptor)和 D(donor)(A,D 其中之一是激发态)相互作用($^1A^* + ^1D$ or $^1A + ^1D^*$)而形成$[^1(A^-D^+)]$.这类络合物同样由于共振而稳定:$^1(A^*D) \leftrightarrow ^1(AD^*) \leftrightarrow ^1(A^-D^+) \leftrightarrow ^1(A^+D^-)$.

电荷转移可分为分子内电荷转移和分子间电荷转移两种. 当分子内电荷转移达到电荷分离状态时就产生电子转移. 正是由于提出了电子转移理论,Marcus 于 1992 年荣获了诺贝尔化学奖. 分子间电荷转移的结果,形成电荷转移络合物. 一般的分子晶体中分子间电荷转移常常伴随着分子内电荷转移. 无论分子内电荷转移还是分子间电荷转移,都可以模型化为电子给体和电子受体两部分. 研究电荷转移就是研究这两部分的能量、电子结构、相互作用以及产生 CTE 的激发过程与激发状态等.

传统的观点认为光电导过程中电子-空穴对的产生经历了两个过程. 首先是初级过程,即分子在吸收光子后产生库仑力作用的电子-空穴对,随后是次级过程,即在热或外加电场作用下重新结合成分子,或离解成自由的电子和自由的空穴.

1.5 电化学与有机聚合物的能带结构[62-63]

迄今为止,有机半导体没有系统的能级理论,对有机化合物能级表征都是借用无机半导体概念,所谓有机聚合物的带隙(Eg)是指导带底与价带顶的能量之差,即最高占有轨道(E$_{HOMO}$)与最低空轨道(E$_{LUMO}$)能量之差. 氧化还原电位与能级的关联指标是 HOMO 和 LUMO 能级. 分子失去一个电子所需的能量为电离势,它相当于 HOMO 能量的负值,对应于第一氧化电位,然而两者并不是完全对等. 电化学氧化过程包括分子失去一个电子、电子在电场作用下向电极运动以及中和电极载流子的三个基本过程,而电离势只相当于电化学氧化的第一个过程.分子得到一个电子所需要的能量为亲和能,它相当于 LUMO 能量的负值,对应于第一还原电位.实际上,亲和能只能对应于还原过程的第一过程.因此氧化还原电位能级并不能与 HOMO 和 LUMO 能级对等.由于电解池系统中的参比电极具有固定不变的电位,电解池中任何变化都可能归因于工作电极,所以观测或控制工作电极相对于参比电极的电位也就是观测或控制工作电极内电子的能量.当给电极施加负电位时,电子的能量提高,当给电极施加正电位时,电子的能量降低.在电极电位由正向负的还原过程中,电子的能量逐渐提高,一直达到某一临界电位后,电子最终可达到足以占据电解质中电活性有机半导体材料中的空轨道的高能级(LUMO 轨道),从而导致从电极向溶液的电子的流动过程,产生还原电流,即从电极向半导体材料注入电子.当电位继续负移是,电子不断地填充到空轨道上.该电荷注入起点所对应的临界电位值成为还原过程的启动电位,以 E^{red} 表示.显然,此还原过程启动电位相应的能量应对应于导带中的最低空轨道的能量(E_{LUMO}).对于电极电位由负向正的氧化过程,情形恰好相反.电子在能量降低的过程中,直到某一临界电位后,电解液中电活性聚合物材料中的电子将处于比电极上的电子更高的能级,导致电子从有机聚合物传递到电极,产生电子从溶液到电极的流动(即氧化电流),电子不断从价带中流动出去,产生更多的空价轨道.此电荷流动的起点所对应的临界电位称为氧化过程的启动电位(E^{ox}).显然,此启动电位对应的能量应与价带中最高占有轨道能量(E_{HOMO})相对应.但由于电化学能量标度和固态物理中能量标度选择上的差异(E^{ox} 和 E^{red} 是相对于参比电极的电位值;而 E_{LUMO} 和 E_{HOMO} 是相对于真空能级的能量值),使电化学上测得的氧化还原电位值不能等同于电学上的能量值.而当统一了电化学和物理能量标度(标准氢电极 NHE 电位与真空能级之差为 4.5 eV)之后,由电化学方法计算 LUMO 与 HOMO 能量(相对于真空能级)的关系式如下:

$$E_{HOMO}(E_{LUMO}) = -4.5 - eE^{ox}(E^{red}) \qquad (1-3)$$

实际的电化学测量中,参比电极往往不是标准氢电极,这时的计算公式稍有变化. 若选用饱和甘汞电极作参比电极,它相对于标准氢电极电位为 0.24 V,则计算 HOMO 能级的公式为:

$$E_{HOMO}(E_{LUMO}) = -4.74 - eE^{ox}(E^{red}) \qquad (1-4)$$

由电化学方法测得的带隙表示为:

$$E_g = E_{LUMO} - E_{HOMO} = e(E^{ox} - E^{red}) \qquad (1-5)$$

式中,E^{ox} 和 E^{red} 的单位是伏特(V),E_{LUMO} 和 E_{HOMO} 的单位是电子伏特(eV),且 E^{ox} 和 E^{red} 须在同一电化学体系中测得.

综上所述,有机聚合物的带隙与电化学以及最低吸收边之间的关系表示为:

$$E_g = E_{LUMO} - E_{HOMO} = e(E^{ox} - E^{red}) = h\upsilon = hc/\lambda \quad (1-6)$$

1.6 立题依据及研究内容

超分子化学由于与生命科学密切相关已成为一门新兴的化学学科,用"超分子结构单元"构筑功能材料已成为十分活跃的研究领域. C_60 及其衍生物以其独特的结构和性质在超分子物理、化学、材料、生命科学等领域显示巨大的应用潜力和重要的研究价值. 近几年来,已从研究 C_60 的结构和性能发展到研究 C_60 衍生物的制备、性能和应用. 而酞菁类化合物以其独特的光化学、光物理性质及廉价、低毒的优点,引起研究者的极大关注. C_60 易接受电子成为电子受体,金属酞菁化合物更易提供电子成为电子给体,两者复合形成的超分子体系在电子照相、太阳能电池、光盘和非线性光学等领域具潜在的应用前景.

近几年,由 C_60 与卟啉组成的超分子体系已引起广泛关注. 而由 C_60 与酞菁组成的超分子材料的研究才刚刚起步,主要集中在以下几个方面：以计算化学方法研究 C_{60}/酞菁超分子材料的优化结构和理论能级；以超音速分子束生长技术、L－B 技术、共蒸法等制备 C_{60}/酞菁超分子复合膜，并研究薄膜的光电性能和能量转换效率；利用 Diels-Alder 反应等将酞菁和 C_{60} 通过双桥键连在一起，形成分子内电荷转移络合物，体现新的光电效应，但此方面研究报道较少；利用纳秒和皮秒激光光解技术研究富勒烯-酞菁体系的分子间和超分子光诱导电子转移过程.

但是上述体系往往基于物理方法制备 C_{60}/酞菁超分子材料或在混合溶液中通过 C_{60} 与酞菁的共扩散或可逆成键而组成自组装超分子体系. 物理制备方法限制了材料的大面积使用；简单的自组装超分子体系往往具有较快的电子回转过程，降低了能量转换效率；由于受空阻效应的影响，C_{60} 和金属酞菁嫁接型超分子体系的研制一直徘徊不前，使嫁接产物优良的电荷传输性能未能体现.

能否将 C_{60} 及其衍生物、金属酞菁及其衍生物、C_{60} 和金属酞菁嫁接复合产物所表现出来的性质巧妙地结合起来，构筑部分嫁接型 C_{60} 衍生物-酞菁超分子体系以降低电子回转过程、提高光诱导电子转移反应效率，发展具有特殊光、电、磁、催化性能的新型超分子材料，开拓它们在太阳能电池、光电导、催化、药物治疗等方面的应用研究成为本课题的立题依据.

第二章 超分子组装用富勒烯衍生物的合成及光电性能

自 1991 年 C_{60} 被大量合成和分离以来,C_{60} 的研究成为一个广泛关注的领域. 由于 C_{60} 具有大尺寸、高度对称性及球形离域 π 电子体系,显示独特的物理化学性质,同时具显著的生物活性,因而在新型光电材料、药物化学等方面呈现重要的研究价值和广阔的应用前景. C_{60} 主要表现为得电子性能,通过 C_{60} 与给电子体系反应生成的二元或多元超分子衍生物,构建光电转换材料可用于光电子器件[64-66]:例如芳烃修饰 C_{60}、二茂铁修饰 C_{60}、TTF 修饰 C_{60} 及卟啉修饰 C_{60} 等电荷转移复合物体系,都已合成并对它们的性质进行了广阔的研究.

C_{60} 的球形 π 共轭电子结构有利于提高分子间相互作用,然而 C_{60} 仅能部分地溶解于一些常用溶剂,如甲苯、氯苯、二硫化碳等,这限制了作为功能材料的一些应用范围. 因此,需要对 C_{60} 进行进一步的功能化改性以利于材料的应用. 加成反应和环加成反应是能用于对 C_{60} 改性的两种化学改性方法. 本章利用上述方法制备了两种高溶解性的 C_{60} 衍生物,主要讨论衍生物的光电性能及取代基对其供受电子能力的影响.

2.1 C_{60}-甲苯衍生物的合成与光电性能

2.1.1 C_{60}-甲苯衍生物的合成及表征

实验所用的 C_{60}(纯度＞99.9％)原料购于武汉大学,呈黑色粉末状. 其余试剂均为分析纯.

在纯的 150 ml 紫色 C_{60} 甲苯溶液中(C_{60} 含量大约为 1 g/L),加入 0.5 g 无水三氯化铝,搅拌混合,在室温下反应,按预定时间不同得到从棕红色到褐色清澈的溶液. 产物中加入 0.1 L 水使反应淬灭, 有机层和水层明显分离, 并放出大量热, 分离, 有机层多次水洗, 得产物的甲苯溶液. 经减压蒸馏、洗涤、干燥、纯化, 得棕色粉末.

以 Bruker-Supectrospin AG(AC - 100SC)测定了该衍生物的 H 质子核磁共振谱(^{1}HNMR), 如表 2 - 1 所示.

表 2 - 1　C$_{60}$-甲苯衍生物^{1}HNMR 谱(反应 50 h)

峰　位	积分比	推测基团
1.25	3	- CH$_3$
3.25～4.02	1	C$_{60}$ - H, - OH
7.27	4	苯环 H

参照文献[67], C$_{60}$ 在 ^{1}HNMR 谱上无特征峰, C$_{60}$-甲苯衍生物除于 $\delta = 7.4$ 左右出现苯环氢特征峰外, 在 $\delta = 4.5$ 附近有一弱宽峰存在. 本文得到了与参考文献类似结果(见表 2 - 1), 反应时间 5 h 所得产物的 ^{1}HNMR 谱, 只在 $\delta = 1.2$ 附近看到微弱的甲基峰出现, 表明此时加成反应刚开始进行. 当反应时间延长为 50 h, 由于反应比较充分, 所得产物连有较多的甲苯基团, 在 $\delta = 1.2$ 附近出现明显的甲基峰, 在 $\delta = 7.27$ 附近出现苯环氢特征峰. 此外, 反应 50 h 所得产物于 $\delta = 3.25 \sim 4.02$ 附近有一弱的多重峰存在, 作者分析此峰出现可能是与 C$_{60}$ 直接相连的 C - H 和 C - OH 引起的(见机理部分), 由于 C$_{60}$ 可发生多点反应而连有数目不等的甲苯基团, 使与 C$_{60}$ 直接相连的 C - H 处于不同的化学环境而引起位移.

本文根据上述测试结果, 从理论上推测了反应机理和产物结构, 如图 2 - 1 所示. C$_{60}$ 在 AlCl$_3$ 等路易斯酸催化条件下, 先形成质子化的 C$_{60}$ +(AlCl$_3$), 然后对甲苯进行亲电取代反应生成甲苯对 C$_{60}$ 的加成物. 此理论分析与 ^{1}HNMR 的实验数据基本相符合.

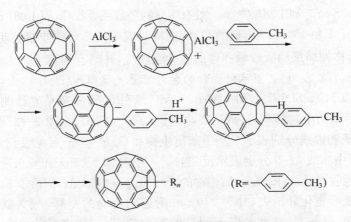

图 2 - 1 C₆₀-甲苯衍生物反应机理与产物的结构示意图

2.1.2 C$_{60}$-甲苯衍生物的光电性能

2.1.2.1 C$_{60}$-甲苯衍生物的红外光谱图

图 2 - 2 为 C$_{60}$-甲苯衍生物的红外吸收图谱,从图中可以看出,在

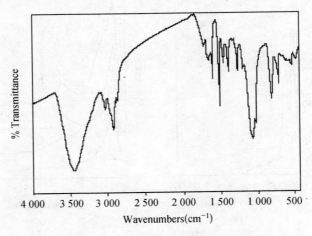

图 2 - 2 C$_{60}$-甲苯衍生物的红外图谱

3 446.28 cm^{-1}和 1 384.03 cm^{-1}处有明显的羟基强吸收峰,而 1 081 cm^{-1}、809 cm^{-1}和 460 cm^{-1}出现的 C$_{60}$特征峰对应于其非对称伸缩振动吸收峰、对称伸缩振动吸收峰和弯曲振动吸收峰,并略有偏移[68].

2.1.2.2 C$_{60}$-甲苯衍生物的紫外可见光谱(Uv/vis)

以 Hitachi 557 型和 UV - 756MC 紫外可见分光光度计测定了 C$_{60}$-甲苯衍生物的紫外-可见吸收光谱(UV - VIS),见图 2 - 3. 图(a)中实线和虚线分别表示 C$_{60}$-甲苯衍生物和 C$_{60}$的紫外-可见吸收光谱.图(b)中曲线 a～d 分别表示反应时间 4 小时、2 天、4 天和 6 天所得产物的吸收光谱.由图可见,衍生物的吸收光谱与 C$_{60}$类似,但位于 340 nm 的特征峰宽化并消失,并于 440 nm 附近出现弱的宽峰,与文献[68]相类似.已知 C$_{60}$在此范围无明显的吸收峰[68-70],作者认为产物中该峰的出现可能是由于甲苯对 C$_{60}$的化学修饰,打破了原有的大 π 体系,使 LUMO 轨道由反键轨道变成了非键轨道,产物的第一级允许跃迁与 C$_{60}$比较处于较长波长处.同时发现,随着反应时间的增加,位于 259 nm 的吸收峰逐渐增强,而位于 207 nm 的吸收峰逐渐变宽.

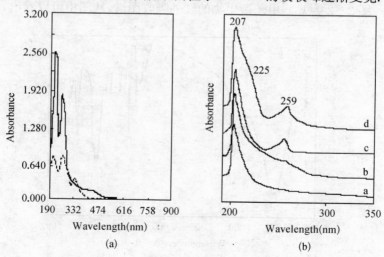

(a) (b)

图 2 - 3 C$_{60}$-甲苯衍生物的紫外-可见光谱

2.1.2.3 C$_{60}$-甲苯衍生物的光致发光光谱

以日立 M-850 荧光光谱仪和 RF-540 荧光光谱仪对产物进行光致发光光谱研究. 在此基础上研究了典型受体材料 I$_2$ 对 C$_{60}$-甲苯衍生物光致发光的淬灭效应.

图 2-4 主要研究了产物在乙醇溶液中的光致发光效应,根据图 2-3 C$_{60}$-甲苯衍生物的紫外-可见吸收光谱,选择激发光波长为 260 nm,曲线 a~d 依次对应于反应时间 4 小时、2 天、4 天和 6 天所得产物的发射光谱. 根据文献,C$_{60}$ 在室温无明显的光致发光效应. 而图中 C$_{60}$-甲苯衍生物具明显的发光效应,并在室温发射双重荧光. 其中短波长荧光位于 325 nm,而长波长荧光位于 423 nm 附近,并随反应时间增加,发光效应呈明显的递增现象. 作者分析此现象是由于甲苯基团对 C$_{60}$ 的化学修饰,打破了 C$_{60}$ 原有的大 π 体系,C$_{60}$ 的禁带能级结构发生了较大变化,使原来的禁带能隙跃迁变为非禁带能隙的复合发光,从而使发光强度大大增强.

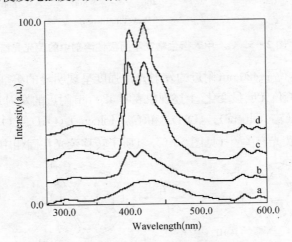

图 2-4 C$_{60}$-甲苯衍生物的光致发光谱(乙醇)

(a) 小时,(b) 2 天,(c) 4 天,(d) 6 天

图 2-5 讨论了 C$_{60}$-甲苯衍生物在不同极性溶剂中的光致发光现

象,可以发现产物在短波长处的发射光谱(locally excited fluorescence)对溶剂的依赖性不大.溶剂从环己烷到乙腈的变化过程中仅发现最高发射峰位由 314 nm 位移至 322 nm.

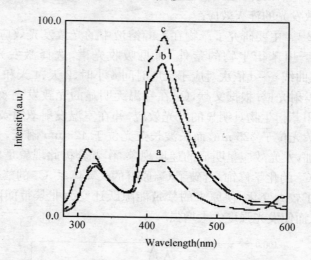

图 2-5 C$_{60}$-甲苯衍生物在不同极性溶剂中的荧光光谱

相反,位于 420 nm 附近的发射光谱强度呈现明显的溶剂依赖性,但最高发射峰位无明显变化.上述现象表明 420 nm 附近的发射光谱可能还与溶液中(C$_{60}$- toluene)$_n^-$(OH)$_m$ 和(C$_{60}$- toluene)$_n$(OH)$_{m-1}$O$^-$ 之间的氢质子转移荧光有关[71](见图 2-6).氢质子转移荧光在固相中不易发现.

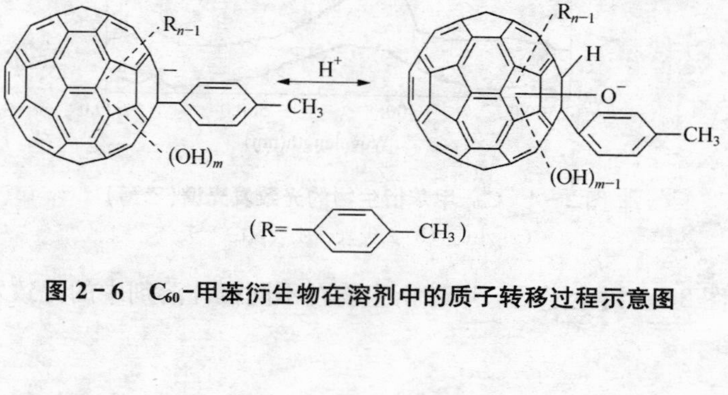

图 2-6 C$_{60}$-甲苯衍生物在溶剂中的质子转移过程示意图

同时发现在图 2-4 中,随着反应时间的增加,位于 420 nm 附近的荧光发射峰逐渐增强并裂分为双峰.本文推测双峰出现与两种不同的荧光物种存在有关,一种荧光物种与溶剂间产生了氢键作用,另一物种无氢键作用[71],此结果与图 2-5 相符.

图 2-7 分析了溶液的 pH 值对 C$_{60}$-甲苯衍生物光致发光性能的影响.衍生物在高酸性溶剂中具有强的荧光发射峰;在 pH>6 的体系中,衍生物的荧光发射峰强度无明显变化.

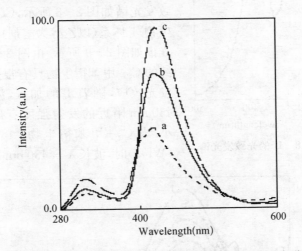

图 2-7 C$_{60}$-甲苯衍生物在不同 pH 值溶液中的荧光光谱

(a) pH>6, (b) pH=3, (c) pH=2

本文对上述现象进行如下解释:C$_{60}$-甲苯衍生物是在 AlCl$_3$ 催化下通过 C$_{60}$ 与甲苯间的亲电加成反应得到的.由于催化剂过量,因此在体系中存在 C$_{60+}$.因 C$_{60}$ 具有受体性能,使 C$_{60+}$ 不能稳定存在于体系中.当反应被水淬灭时,C$_{60+}$ 很容易从体系中夺取 OH 基团生成 C$_{60}$-OH.C$_{60}$-OH 的-OH 基团与苯酚类似,具弱酸性,在极性溶剂中易提供氢质子而诱导氢质子转移荧光.高酸性溶剂能提供额外的氢质子参与氢质子转移荧光的发射过程,使衍生物的荧光发射峰增强.

2.1.2.4　I_2 对 C_{60}-甲苯衍生物光致发光的淬灭效应[72]

通过研究常用受体材料碘对 C_{60}-甲苯衍生物光致发光的淬灭效

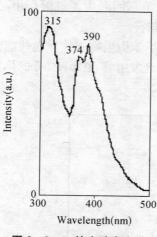

图 2-8　I_2 的光致发光谱

应,可分析 C_{60}-甲苯衍生物得失电子能力的大小. 实验中,根据 C_{60}-甲苯衍生物(50 h)和碘的紫外-可见光谱的综合分析,选择激发光波长 $\lambda = 285$ nm. 在此激发光作用下,I_2 的乙醇溶液的光致发光谱如图 2-8 所示,C_{60}-甲苯衍生物/I_2 体系(以乙醇为溶剂)的光致发光谱如图 2-9 所示. 由图 2-9 可见,纯的 C_{60}-甲苯衍生物具有很强的光致发光效应,随着 I_2 的加入,波长 $\lambda = 430$ nm 附近的发射强度有规律地减小. 当 C_{60}-甲苯衍生物:$I_2 = 1:50$ (Wt%)时,波长 $\lambda = 430$ nm 的荧光基

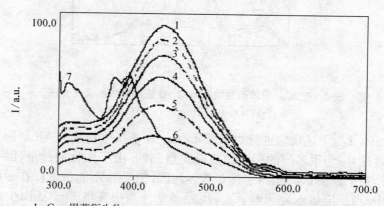

1. C_{60}-甲苯衍生物
2. C_{60}-甲苯衍生物;碘-50:1(Wt%)
3. C_{60}-甲苯衍生物;碘-30:1(Wt%)
4. C_{60}-甲苯衍生物;碘-10:1(Wt%)
5. C_{60}-甲苯衍生物;碘-1:10(Wt%)
6. C_{60}-甲苯衍生物;碘-1:30(Wt%)
7. C_{60}-甲苯衍生物;碘-1:50(Wt%)

图 2-9　C_{60}-甲苯衍生物/I_2 体系的光致发光谱

本消失,将此体系的发射强度放大 32 倍,发现位于 $\lambda = 374$ nm 和 $\lambda = 390$ nm 新的荧光发射峰.比较图 2-8,作者认为此二峰的出现来源于 I_2 的发射峰,而 C_{60}-甲苯衍生物的特征峰由于 I_2 的加入已连续淬灭.

在 C_{60}-甲苯衍生物/I_2 的体系中,淬灭荧光的方式有两种可能,一种是衍生物与 I_2 形成基态的电荷转移络合物;另一种是衍生物与 I_2 形成激发态的电荷转移络合物(即光诱导下的电荷转移).根据文献[73],如果单纯是后一种情况,则 I_2 对 C_{60}-甲苯衍生物荧光的淬灭应符合 Stem-Volmer 关系式:

$$F_0/F = 1 + k_q \tau (Q) \qquad (2-1)$$

式中 F_0、F 分别表示不加淬灭剂和加淬灭剂时的荧光强度,k_q 为淬灭速率常数,τ 为荧光寿命,(Q) 为淬灭剂浓度.

由式 2-1 可见,以 $F_0/F \sim (Q)$ 作图应成过 $(0,1)$ 点的直线.本文对加入不同量 I_2 的 C_{60}-甲苯衍生物/I_2 体系测得的光致发光谱进行处理,得到 F_0/F 与碘浓度 $[I_2]$ 的关系如图 2-10 所示.

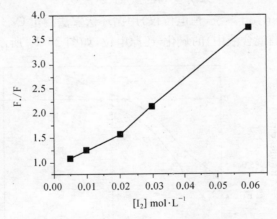

图 2-10 F_0/F 和 $[I_2]$ 之间的关系

从图可见,$F_0/F \sim (Q)$ 并不是过 $(0,1)$ 点的直线,表明 I_2 对 C_{60}-甲苯衍生物的荧光淬灭不符合 Stem-Volmer 关系式,加之图 3-7

在长波处（λ＞450 nm）无明显激发荧光峰出现，说明 C_{60}-甲苯衍生物与 I_2 之间除激发态电荷转移络合物外还有基态的电荷转移络合物［CTC］存在. 据文献报道[74]，二甲基苯胺能与 C_{60} 形成基态的电荷转移络合物，二甲基苯胺的离子化能为 7.10 eV. C_{60} 的电子亲和能为 2.65 eV，离子化能为 7.61 eV，C_{60} 既可以作为电子受体材料，也可作为电子给体材料；C_{60}-甲苯衍生物由于多个给电子基团甲苯的取代，使其给电子性能增加，受电子性能降低，经计算，离子化能约为 5.8 eV，说明 C_{60}-甲苯衍生物较二甲基苯胺更易给电子；而 I_2 的电子亲和能为 3.2 eV，受电子性大于 C_{60}，因此 C_{60}-甲苯衍生物与典型的电子受体材料 I_2 形成基态电荷转移络合物是合理的. 当 CTC 体系受 285 nm 光激发时，C_{60}-甲苯衍生物吸收的激发能可能通过非辐射过程转移给受体 I_2，因此引起了 C_{60}-甲苯衍生物荧光强度的下降. 受体 I_2 受到来源于 C_{60}-甲苯衍生物的能量激发时，导带变宽，电子活性增加，从而能够引起体系的光电导性能增加.

2.1.2.5　C_{60}-甲苯衍生物的氧化-还原电位

以 Solartron 系统（恒电位仪）用循环伏安法测定 C_{60}-甲苯衍生物（KOH/乙醇混合液中）的氧化-还原电位，如图 2-11 所示，氧化电位

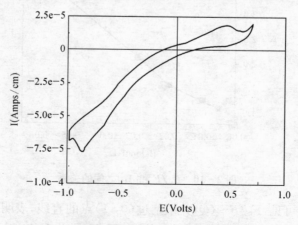

图 2-11　C_{60}-甲苯衍生物的循环伏安曲线

为 0.46 V,还原电位为 0.86 V,氧化电位小于还原电位. 由上节 I$_2$ 对 C$_{60}$-甲苯衍生物光致发光的淬灭效应的讨论及氧化-还原电位测试数据推测:在适当的电子受体材料(如 I$_2$)掺杂条件下,C$_{60}$-甲苯衍生物可作为电子给体材料和空穴传输材料使用[56].

2.1.2.6   C$_{60}$-甲苯衍生物/I$_2$ 的 I-V 特性

在 ITO 导电玻璃上用提升法制备 C$_{60}$-甲苯衍生物、I$_2$、聚乙烯醇缩丁醛共混膜,真空 50℃处理 2 h,用图 2-12 所示装置分别测试其光照和非光照条件下的 I-V 特性.

分别测试了黑暗和光照(250 W)条件下 C$_{60}$-甲苯衍生物、I$_2$、聚乙烯醇缩丁醛共混膜的 I-V 特性曲线,其中惰性高分子材料聚乙烯醇缩丁醛的加入是为了改善成膜条件,结果如图 2-13 所示. 在黑暗情况下,

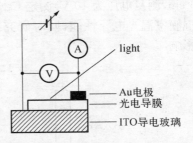

图 2-12   C$_{60}$-甲苯衍生物的 I-V 特性测试装置图

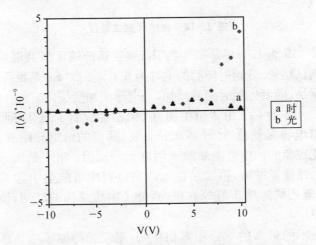

图 2-13   C$_{60}$-甲苯衍生物、I$_2$、聚乙烯醇缩丁醛共混膜的 I-V 曲线

正、反向电流随电压变化较小;在光照情况下,正、反向电流均明显增加,由此说明在光照条件下体系的多数载流子增加[75].从 C_{60}-甲苯衍生物、I_2、聚乙烯醇缩丁醛共混膜的 I-V 曲线可推测,体系具有光电导效应.

2.1.2.7　C_{60}-甲苯衍生物/I_2 的光电导效应

用图 2-14 所示的自制光电导测试装置(250 W,光源距离样品 4 cm,测量电压为 10 V)测定 C_{60}-甲苯衍生物、I_2、聚乙烯醇缩丁醛共混膜室温光电导性能,同时研究掺杂剂(I_2)对共混膜光电导性能的影响.

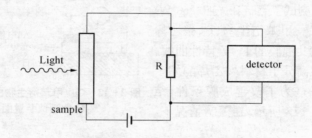

图 2-14　光电导测试装置

图 2-15 为 C_{60}-甲苯衍生物、I_2、聚乙烯醇缩丁醛共混膜室温光电导的测试结果.开始时样品的电导为 $5.6×10^{-13}$ S;光照后,膜的电导迅速增加,随着光照时间的增加,光电导增加变缓.

图 2-16 为 C_{60}-甲苯衍生物、I_2、聚乙烯醇缩丁醛共混膜室温光电导和暗电导回复曲线.经多次光激发,薄膜的暗电导略有增加,本文分析此现象的产生可能来源于两方面的原因:第一是由于热激发引起体系载流子增加;第二是在光激发过程中可能会引起 C_{60}-甲苯衍生物、聚乙烯醇缩丁醛等有机、高分子物质结构的歧变,使电子跃迁更方便.

掺杂不同量 I_2 的 C_{60}-甲苯衍生物/聚乙烯醇缩丁醛体系的光电导-时间曲线如图 2-17 所示.图中曲线 a 表示 C_{60}-甲苯衍生物:I_2=1:20(Wt%)体系的光电导-时间关系,暗电导为 $5.6×10^{-13}$ S;曲线

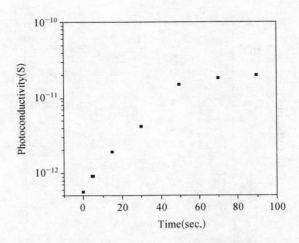

图 2 - 15   C$_{60}$-甲苯衍生物(掺杂 I$_2$)的光电导-时间曲线

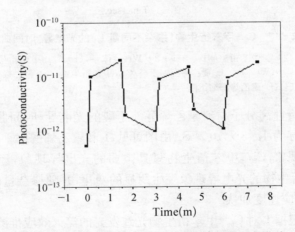

图 2 - 16   C$_{60}$-甲苯衍生物(掺杂 I$_2$)的电导回复曲线

b 表示 C$_{60}$-甲苯衍生物：I$_2$＝1∶10(Wt％)体系的光电导-时间关系，暗电导为 4.5×10^{-13} S；曲线 d 表示聚乙烯醇缩丁醛/C$_{60}$-甲苯衍生物的光电导-时间关系，暗电导为 7.1×10^{-13} S；曲线 e 表示聚乙烯醇缩丁醛/碘的光电导-时间关系，暗电导为 5×10^{-13} S. 为进行比较，图中

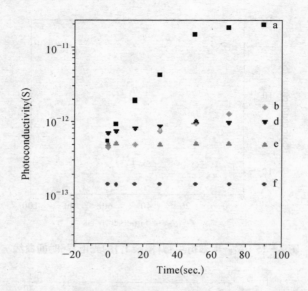

图 2 - 17 C₆₀-甲苯衍生物(掺杂不同量 I₂)的光电导-时间曲线

（a）C_{60}-甲苯衍生物：$I_2 = 1 : 20 (Wt\%)$体系，（b）C_{60}-甲苯衍生物：$I_2 = 1 : 10 (Wt\%)$，（d）聚乙烯醇缩丁醛/C_{60}-甲苯衍生物，（e）聚乙烯醇缩丁醛/碘，（f）聚乙烯醇缩丁醛

还给出了惰性高分子材料聚乙烯醇缩丁醛的光电导-时间曲线,见曲线 f,暗电导为 1.43×10^{-13} S. 由图可见,I_2 和聚乙烯醇缩丁醛无明显的光电导现象,C_{60}-甲苯衍生物只具微弱的光电导现象,经 I_2 掺杂,C_{60}-甲苯衍生物的光电导现象发生明显的变化,并随掺杂量的增加而增加,且响应速度加快.

本文根据 I_2 对 C_{60}-甲苯衍生物光致发光的淬灭效应推测,掺杂碘后 C_{60}-甲苯衍生物膜光电导性能增加源于 I_2 和 C_{60}-甲苯衍生物之间形成了基态和激发态的电荷转移络合物,使 C_{60}-甲苯衍生物上的电子能迁移到 I_2 的低能空轨道上,引起电子的不定域分布. 在光作用下,电子的不定域性将使电子更易沿着电荷转移络合物迁移,有较多的光生载流子产生,使光电导效应增加[76],示意图如图 2 - 18 所示.

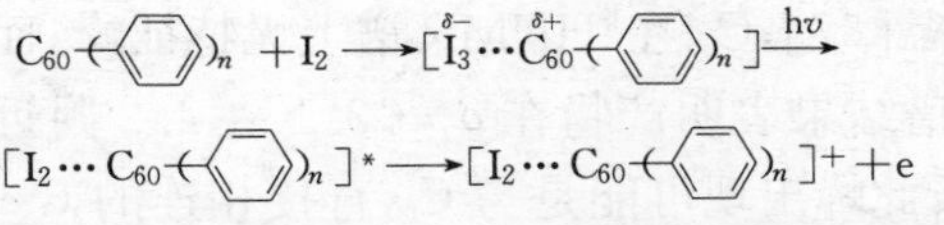

$$C_{60}\langle\!\!\langle\bigcirc\rangle\!\!\rangle_n + I_2 \longrightarrow [I_3^{\delta-}\cdots C_{60}^{\delta+}\langle\!\!\langle\bigcirc\rangle\!\!\rangle_n] \xrightarrow{h\nu}$$

$$\longrightarrow [I_2\cdots C_{60}\langle\!\!\langle\bigcirc\rangle\!\!\rangle_n]^* \longrightarrow [I_2\cdots C_{60}\langle\!\!\langle\bigcirc\rangle\!\!\rangle_n]^+ + e$$

图 2 - 18 I_2 和 C_{60}-甲苯衍生物形成基态电荷转移络合物示意图

在图中,随着掺杂剂碘加入量的增加,形成的电荷转移络合物增多,因此在光激发下能产生更多的载流子,使体系的光电导效应进一步提高.

2.2 C_{60}-硝基衍生物的合成与光电性能

2.2.1 C_{60}-硝基衍生物(C_{60}- NO_2)的合成及表征

实验所用 C_{60}(纯度 > 99.9%)原料购于武汉大学,呈黑色粉末状.其余试剂均为分析纯.

在一干燥的氮气保护的 100 ml 三颈瓶中加入 10 g $NaNO_2$,三颈瓶上口配置 50 ml 的恒压滴液漏斗,并加入 10 ml 浓缩硝酸,滴加,使产生的红棕色气体通过 $CaCl_2$ 干燥管后通入另一装有 C_{60} 干苯溶液的两颈瓶,流速为 5 ml/min,室温反应 2 h,得深红棕色悬浮状固体.减压蒸馏苯,所得固体悬浮于无水正己烷中,离心,得所需产物.尾气以 2 N 的 NaOH 溶液接收.

所得产物 C_{60}-硝基衍生物在 N,N-二甲基甲酰胺(DMF)、四氢呋喃(THF)、甲醇(CH_3OH)、二氯甲烷(CH_2Cl_2)、甲苯等多种溶剂中呈现良好的溶解性.

以 Bruker-Supectrospin AG(AC - 100SC)测定了该衍生物的 H 质子核磁共振谱(^{1}HNMR),如表 2 - 2 所示.

表 2 - 2 C_{60}-硝基衍生物 ^{1}HNMR 谱

峰 位	推 测 基 团
3.1~4.2	- OH, C - H
7.329(微量)	苯环 H

根据文献[67]，C_{60} 在 ^{1}HNMR 谱上无特征峰，而 C_{60}-硝基衍生物的 ^{1}HNMR 谱结果表明产物在 $\delta = 3.1 \sim 4.2$ 附近出现明显的特征峰，作者分析此峰出现可能是与 C_{60} 直接相连的 C–OH 和 C–H 引起的. 在 $\delta = 7.329$ 附近出现的苯环氢特征峰可能来源于残余溶剂.

本文根据上述测试结果、红外光谱、图 5–9 的质谱数据和参考文献的资料[77-78]，推测反应产物为 C_{60}-$(NO_2)_6$-$(OH)_4$（以下简写为 C_{60}-NO_2），反应机理和产物结构如图 2–19 所示. C_{60} 具有缺电子烯烃的化学性质. C_{60} 分子内存在 30 个 C=C 键，使之易于发生自由基加成反应，故又被称为"自由基海绵". 因此，C_{60} 易与硝酰自由基发生自由基加成反应. 六元环间 6:6 双键为反应活性部位，由于分子有六个等同的活性部位，对称地分布在球面上，故加成反应的选择性不高，产物为加成基团数目不同的加成产物和各种位置异构体. 此理论分析与 ^{1}HNMR 的实验数据相符合.

$$NaNO_2 + HNO_3 \longrightarrow NaNO_3 + HNO_2$$
$$\longrightarrow \cdot NO_2$$

$$C_{60} \xrightarrow{\cdot NO_2} C_{60}(NO_2)_n \xrightarrow{\text{部分水解}} C_{60}(NO_2)_{n-m}(OH)_m$$

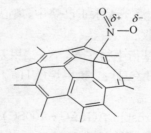

图 2–19 反应机理与产物的结构示意图

2.2.2 C_{60}-硝基衍生物的光电性能

2.2.2.1 C_{60}-硝基衍生物的红外光谱

图 2–20 为 C_{60}-硝基衍生物的红外图谱，图中 1 561.26 cm^{-1} 和

1 331. 81 cm⁻¹处的强吸收峰分别对应于- NO₂ 的- N - O 非对称伸缩振动吸收峰和对称伸缩振动吸收峰. 806 cm⁻¹处的中等强度吸收峰对应于- NO₂ 的 N - O 弯曲振动吸收峰. 在 3 439. 51 cm⁻¹处的强吸收峰表明产物含有羟基. 而 1 085. 50 cm⁻¹、806. 11 cm⁻¹和 540. 79 cm⁻¹出现C₆₀的特征吸收峰. 此测试结果与文献相符[77],说明制备的产物与目标分子相一致.

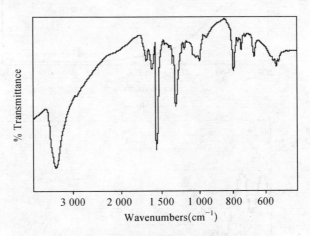

图 2 - 20 C₆₀-硝基衍生物的红外图谱

2.2.2.2 C₆₀-硝基衍生物的紫外-可见吸收光谱

以 Hitachi 557 和 756MC 型紫外可见分光光度计测定了C₆₀-硝基衍生物在甲醇溶液中的紫外可见光谱(Uv/vis),如图2 - 21(a)所示,特征峰位于 218 nm、246 nm、303 nm. 与 C₆₀的紫外-可见光谱(b)比较,C₆₀-硝基衍生物的 B 带吸收峰和位于440~700 nm 的弱宽吸收峰明显蓝移,并在 440 nm 附近仍有弱的宽吸收峰. 参照文献[68,70],作者认为产物上述现象的出现可能是由于硝基为强吸电子基团,其对 C₆₀的化学修饰,打破了原有的大 π 体系,产物的第一级允许跃迁与 C₆₀比较处于较短波长处.

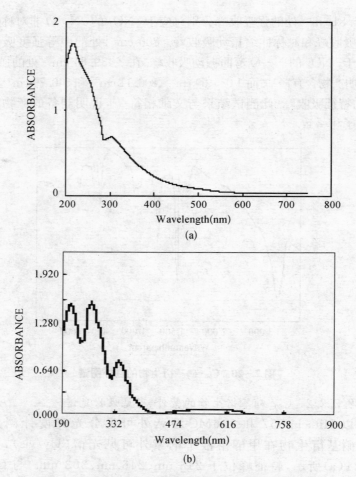

图 2-21 C$_{60}$-硝基衍生物和 C$_{60}$ 的紫外-可见吸收光谱

2.2.2.3   C$_{60}$-硝基衍生物的光致发光光谱

以 RF-540 荧光光谱仪研究产物在多种溶液中的光致发光效应,并与原料 C$_{60}$ 进行比较,测试结果表明:产物在室温无明显光致发光现象.

2.2.2.4   C$_{60}$-硝基衍生物的氧化-还原电位

表征有机聚合物材料能带结构的最常用方法是吸收光谱法,通常,带隙 E$_g$ 是由紫外可见光谱的低能吸收带边来确定的. 但由于用带边计算带隙时人为的因素会带来较大的误差,因此,用吸收光谱低能吸收峰值的波长来计算带隙的报道较多. 但聚合物体系内在的无序性使得几乎所有材料的吸收光谱都有一个宽的吸收带,宽带的出现为准确测量低能吸收峰位带来困难,并为用低能吸收峰测量带隙带来不确定因素. 采用紫外吸收光谱法只能得到带隙值,无法确定其价带顶和导带底的绝对位置. 利用量化计算的方法虽然可以得到某些体系的离子化势和带隙值,但对于大多数结构复杂的材料,因缺少合适模型而得不到理想结果. 光电子发射能谱分析也可用于价带顶能量的表征,但仪器尚未普及. 电化学方法(包括循环伏安法)用于有机聚合物能带结构的表征兼具有上述三种方法的优点. 所用仪器设备简单,操作方便,并能在同时进行氧化和还原反应的前提下,给出聚合物材料体系的能带结构参数[61-62].

循环伏安法是以快速线性扫描的方式施加三角波电压,线性扫描由起始电压 Ei 开始,随时间按一定方式做线性扫描,达到电压 Es 后,将扫描反向,以相同的扫描速度回扫到原来的起始电压 Ei,从而完成一次氧化-还原过程的循环,循环伏安法所得到的 I-V 曲线称为循环伏安图.

以 CHI660 型电化学测试仪测定 C$_{60}$-硝基衍生物(DMF 溶液中,浓度约为 10^{-4} M)的氧化-还原电位,如图 2-22、2-23 和表 2-3 所示. 图 2-22 中,C$_{60}$-硝基衍生物的正向起峰位置为 0.96 V.

根据文献[79-80],C$_{60}$ 簇化合物中,六个吡喃环烯单元可分别得到一个电子,使五元环芳香化,形成 C$_{60}^{n-}$($n = 1 \sim 6$)阴离子,从而表现出还原性. 在一般情况下,观察不到富勒烯的氧化波形. C$_{60}$ 分子本身不能发生取代反应,只能通过加成反应在 C$_{60}$ 分子上引入不同性质的基团,这样就难免在一定程度上破坏了 C$_{60}$ 的共轭结构. 一般对 C$_{60}$ 的单加成衍生物,C$_{60}$ 的 1 个双键被饱和将导致其伏安扫描第 1 个还原峰相对于 C$_{60}$ 负移 100~150 mV. 但如果引入吸电子基团,就会在一定程度上抵消这一负移现象,甚至发生正移.

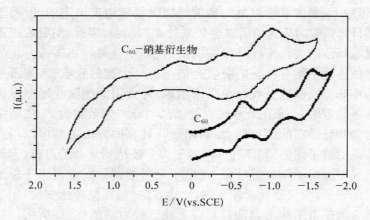

图 2-22　C$_{60}$-硝基衍生物和 C$_{60}$ 的循环伏安曲线

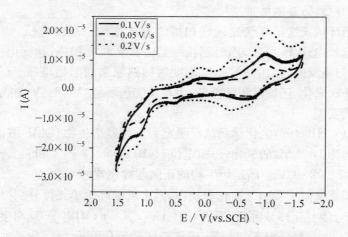

图 2-23　扫描速率对 C$_{60}$-硝基衍生物循环伏安曲线的影响

　　由表 2-3 可见,C$_{60}$-硝基衍生物的第一还原半波电位较之 C$_{60}$ 母体相比正移 150 mV,说明 C$_{60}$-硝基衍生物比 C$_{60}$ 母体具有更强的接受电子能力,还原性优于 C$_{60}$ 母体. 图 2-23 中,随着扫描速率由 0.05 V/s到 0.2 V/s 的增加,C$_{60}$-硝基衍生物还原峰电位略向负向移动,峰位差的改变值在 60～150 mV 之间,因此,可以认为 C_{60}-硝基衍生物在 DMF 中的氧化-还原反应是准可逆的电极过程[81].

表 2-3　C_{60} 及其衍生物的半波电位

C_{60} and derivatives	还原半波电位(vs. SCE)			氧化半波电位(vs. SCE)	
	1st	2nd	3rd	1st	2nd
C_{60}	−0.52	−0.92	−1.32		
$C_{60}-NO_2$	−0.37	−0.86		0.93	1.315

由于在循环伏安实验中,氧化还原分别发生在电活性物质的最高占有轨道(HOMO)和最低空轨道(LUMO)能级上,因此,配合物的 HOMO 和 LUMO 能量(相对于真空能级)可以由氧化还原电位得到. 前提是标准氢电极(NHE)电位与真空能级之差为 4.5 eV. 实际的电化学测量中,参比电极往往是饱和甘汞电极,这时的能级之差为 4.74 eV. C_{60}-硝基衍生物的电离势 I_p(或 HOMO)可以由氧化还原特性并根据如下关系式(式 2-2)计算:

$$E_{onset}^{ox} = I_p - 4.74 \tag{2-2}$$

其中 E_{onset}^{ox} 是对应于饱和甘汞电极(SCE)的电势,等于 0.96 V. 根据 C_{60}-硝基衍生物的紫外-可见吸收光谱(起峰位置 $\lambda = 550\,\text{nm}$)和电化学数据及式 2-3

$$\Delta W = hc/\lambda = I_p - E_a \tag{2-3}$$

计算得到:C_{60}-硝基衍生物的电离势 $I_p = 5.7\,\text{eV}$,亲和能 $E_a = 3.45\,\text{eV}$.

2.3　本章小结

本章根据超分子组装用 C_{60} 衍生物的特殊要求,研制了两种高溶解性的衍生物:C_{60}-甲苯衍生物和 C_{60}-硝基衍生物,并研究了产物的

光电性能,得到如下结果:

1. 以 C_{60} 和甲苯为原料,选择适当的催化反应条件,采用傅克烷基化反应制备了 C_{60}-甲苯衍生物.

2. 研究了 C_{60}-甲苯衍生物的光致发光现象和光电导效应. 与 C_{60} 发光光谱比较,不同反应时间 C_{60}-甲苯衍生物室温下观测到最大峰值位于 430 nm 附近递增的光致发光现象和双重荧光现象. 讨论了溶剂极性和 pH 值对上述现象的影响. 掺杂剂(I_2)对 C_{60}-甲苯衍生物光致发光具有明显的淬灭效应,当 C_{60}-甲苯衍生物:$I_2 = 1:50(Wt\%)$ 时,光致发光完全淬灭. 但经 I_2 掺杂,薄膜的光电导性能明显增加. 对上述现象进行了理论分析.

3. 根据 C_{60}-甲苯衍生物的电化学性质及 I_2 对 C_{60}-甲苯衍生物光致发光的淬灭效应推测:在适当的电子受体材料掺杂条件下,C_{60}-甲苯衍生物可作为电子给体材料和空穴传输材料使用.

4. 采用 C_{60}、$NaNO_2$、HNO_3 等为原料,选择适当的反应条件,以自由基加成反应制备了 C_{60}-硝基衍生物. 产物在 N,N-二甲基甲酰胺(DMF)、四氢呋喃(THF)、甲醇(CH_3OH)、二氯甲烷(CH_2Cl_2)、甲苯等多种溶剂中呈现良好的溶解性.

5. 根据 C_{60}-硝基衍生物的氧化-还原电位测试结果和紫外-可见光谱,推算其电离势为 5.7 eV,亲和能为 3.45 eV. C_{60}-硝基衍生物比 C_{60} 母体具有更强的接受电子能力.

第三章 超分子组装用酞菁衍生物的合成及光电性能

基于酞菁化合物的超分子材料由于在光照条件下呈现特殊的电化学和光化学特性,是一类有竞争力的有机光电材料. 迄今为止有关酞菁的研究已被拓宽到催化、电化学、光电导、光存储、光动力学诊疗等多方面. 酞菁及其金属化合物由于具有平面大 π 体系而呈现给电子性能. 但无取代基酞菁溶解性差,难溶于一般的有机溶剂和水,载流子迁移率较低,单一组分的响应速度较慢,难以满足光电子器件高速发展的需求,给研究和应用带来一定难度. 研究酞菁的上述性质时,人们的注意力主要集中在以下几个方面:一是改善酞菁的溶解度;二是通过超分子组装尽可能使酞菁分子体系的轨道跃迁能量降低,以使它的 Q 带红移;三是提高酞菁的成膜性能. 氨基和环氧基是给电子取代基,它能使 Q 带红移并改善其溶解性. 而硝基是吸电子取代基,它比相应金属元素的带氨基的酞菁化合物的 Q 带蓝移. 本章合成、表征了几种带取代基的酞菁化合物,对产物的光电性能进行研究. 并在合成酞菁锌衍生物的基础上,讨论掺杂剂对其光电性能的影响. 研究表明,对金属酞菁及其衍生物进行掺杂是提高其光电性能的有效方法.

3.1 四氨基酞菁锌的合成和光电性能

3.1.1 四氨基酞菁锌的合成及表征

合成所用原料 4-硝基邻苯二甲酸原料购于武汉大学,其它试剂均为分析纯. 按照文献[82]的方法合成了四氨基酞菁锌(简称 $4NH_2 - PcZn$):将 4-硝基邻苯二甲酸,金属醋酸盐,少量钼酸铵及尿

素按一定比例混合并研磨均匀后,加入装有硝基苯的三颈瓶中. 搅
拌,油浴升温,控制油温至蓝色物质生成. 停止反应,冷却、过滤、用甲
醇洗涤到无硝基苯气味. 将蓝色固体物质加 HCL 煮沸,再加 NaOH
煮沸,重复处理两次,并用蒸馏水洗涤到中性,最后用丙酮洗涤. 产物
于 40℃ 真空干燥 24 h,即得四硝基金属酞菁.

　　将四硝基金属酞菁加入装有 Na_2S 溶液的三颈瓶中,加热、回流
24 h. 停止反应,过滤,水洗,固体分别用 HCL 和 NaOH 溶液煮沸
0.5 h,重复两次,并用蒸馏水洗涤到中性,最后用丙酮洗涤. 把固体于
40℃ 真空下干燥 24 h,即得产物四氨基金属酞菁.

　　以 FT - IR PE - 1 600 型傅里叶变换红外光谱仪测试产物的红外
光谱,Hitachi 577 型光谱仪和 UV - 756MC 测定其紫外-可见光谱.
用 Shimadzu RF - 540 Spectrofluoro photometer 荧光光谱仪测试其
荧光光谱. 并研究掺杂剂碘对四氨基酞菁锌光电性能的影响(掺杂剂
为 2×10^{-2} mol · L^{-1} 碘的甲醇溶液).

　　四取代金属酞菁的结构式如图 3 - 1 所示. 元素分析结果如表
3 - 1 所示.

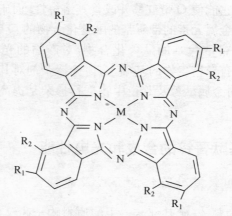

图 3 - 1　取代基在 β 位的硝基(或氨基)金属酞菁衍生物

($R_1 = NO_2$ 或 NH_2;$R_2 = H$)

表 3 - 1   酞菁衍生物的元素分析值

	Experimental data(Theoretical data)(%)		
	C	N	H
4NH$_2$ - PcZn · 4H$_2$O	53.98(54.16)	22.95(23.70)	3.68(3.94)
4NO$_2$ - PcZn · 3H$_2$O	47.04(47.34)	21.07(20.72)	2.89(2.47)

3.1.2   带取代基酞菁锌的光电性能

3.1.2.1   酞菁衍生物的红外光谱

4NH$_2$ - PcZn 的红外吸收光谱如图 3 - 2 所示,3 419.4 cm^{-1} 附近的吸收峰对应于芳香族伯胺的 N - H 伸缩振动,1 605.9 cm^{-1} 附近出现 N - H 弯曲振动吸收峰,C - N 伸缩振动峰位于 1 343.7 cm^{-1},1 096.7 cm^{-1},823.9 cm^{-1} 和 730.2 cm^{-1} 出现酞菁环的振动带.红外吸收光谱数据表明产物与目标分子结构相一致.

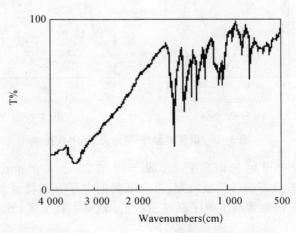

图 3 - 2   四氨基酞菁锌(4NH$_2$ - PcZn)的红外光谱

表 3 – 2　酞菁衍生物的红外光谱特征峰(KBr 压片)

酞菁衍生物	红外特征峰（cm⁻¹）		
	NH_2	NO_2	Pc
$4NH_2 - PcZn$	3 419.4，1 605.9，1 343.7		1 096.7，823.9，730.2
$4NO_2 - PcZn$		1 516.9，1 329.7，846.2	1 083.9，815.9，729.6

3.1.2.2　酞菁衍生物的紫外-可见吸收光谱[82-83]

四硝基酞菁锌($4NO_2$ – PcZn)和四氨基酞菁锌($4NH_2$ – PcZn)的紫外可见光谱(Uv/vis)如图 3 – 3 所示,已扣除溶剂峰影响.

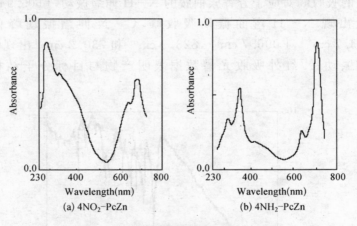

(a) $4NO_2$-PcZn　　　　(b) $4NH_2$-PcZn

图 3 – 3　酞菁锌紫外-可见光谱(DMF)

从紫外-可见光谱来看,合成产物在 200～400 nm 和 600～800 nm处有酞菁的特征吸收带,符合酞菁的电子光谱特征,这两个特征吸收峰是由酞菁环上电子跃迁引起的.氨基取代酞菁(B:355 nm,Q:714 nm)与相应的硝基酞菁(B:349 nm,Q:680 nm)相比特征峰发生了红移,特别是 Q 带明显红移,且峰值增大.这与氨基能强烈的给出电子参与共轭的能力有关. 同时由于 Q 带是 $\pi-\pi^*$ 的跃迁引起的,而 $\pi-\pi^*$ 的跃迁是 HOMO-LUMO 跃迁,当取代基是给电子时,$\pi-\pi^*$ 跃迁更易发生,从而使其 Q 带的峰值增大、峰位明显红移. 氨基取代酞菁在 350~550 nm 处出现了一个很宽的电荷转移吸收特征峰,加盐酸后此吸收特征峰又消失,此现象与文献相符[82],加酸后电荷转移吸收峰的消失是由于氨基的质子化效应使之由供电子基转变成吸电子基的缘故.

此外,实验中进行了四氨基酞菁锌在不同溶剂中的紫外-可见光谱的测试比较,见图 3-4,各特征峰列于表 3-3. 由表可以看出,四氨基酞菁锌在不同溶剂中的特征峰位发生偏移,产物呈明显的溶剂化效应.

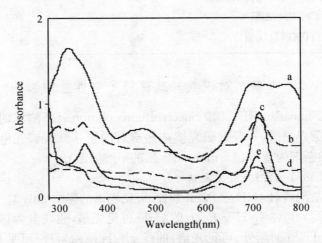

图 3-4 四氨基酞菁锌在不同溶剂中的紫外-可见光吸收谱

从表 3-3 中可以看出,四氨基酞菁锌在不同性质溶剂中都具有典型的金属酞菁 Q 带吸收峰:710 nm 附近是酞菁单分子的特征吸收峰,650 nm 左右是酞菁二聚集体的吸收峰. 两处吸收峰的吸光度比值(A710/A650)越小,说明酞菁在该溶剂中越易产生聚集、二聚体的浓度越大. 从表中可得出:四氨基酞菁锌在强极性溶剂乙腈中溶解度最小,并容易产生聚集,和在其他聚集程度小的溶剂中相比化合物最大吸收波长(λ_{max})发生蓝移,这是由于四氨基酞菁锌受取代基的影响,分子空间位阻效应较大,所形成的二聚体为平行二聚体,而对于平行二聚体,只有高能跃迁是允许的,从而使得单分子的 λ_{max} 在二聚体中出现蓝移.

表 3 - 3   四氨基酞菁锌在不同溶剂中的吸收峰

溶　剂	B 带(nm)	Q 带(nm)
CH_3OH(甲醇)	316	宽峰
CH_3CH_2OH(乙醇)	352	708
DMF(N,N-二甲基甲酰胺)	359	714
CH_3CN(乙腈)		702
THF(四氢呋喃)	360	705

3.1.3　掺杂剂对四氨基酞菁锌光电性能的影响

以 Shimadzu RF - 540 Spectrofluoro photometer 测试四氨基酞菁锌的荧光光谱,并着重研究掺杂剂碘对四氨基酞菁锌光电性能的影响(掺杂剂为 2×10^{-2} mol · L^{-1} 碘的甲醇溶液).

3.1.3.1　紫外-可见光谱

掺杂剂碘对 $4NH_2$ - PcZn 紫外-可见光谱的影响如图 3 - 5 所示. 图中曲线 a 为纯 $4NH_2$ - PcZn 的紫外-可见光谱,曲线 b 为掺杂碘的 $4NH_2$ - PcZn 的紫外-可见光谱,曲线 c 为纯碘的紫外-可见光谱,所用溶剂均为甲醇. 曲线 a 在 316 nm 处出现的 B 带吸收峰,是由基态 S_0 跃迁到 S_2 态引起的. 此外,在紫外区的 208 nm 和 270 nm 处还有两个吸收峰,说明还存在更高的电子激发态. 可见区出现两个典型的酞菁类化合物的 Q 带吸收峰(690 nm 和770 nm),是由基态 S_0 跃迁到 S_1 电子激发态引起的. 在 Q 吸收带中波长较短的峰对应的是二聚体的吸收峰,波长较长的峰对应的是单体的吸收峰. 曲线 a 对应于二聚体的吸收峰(690 nm)强度与单聚体的吸收峰(770 nm)相差不大,说明四氨基酞菁锌在甲醇溶液中同时以单聚体和二聚体两种形式存在. 碘掺杂后,由曲线 b 可见,Q 带吸收峰明显变化,690 nm 处的吸收峰消失,770 nm 处的吸收峰尖锐化并红移 5 nm. 而 B 带主吸收峰的峰型保持不变,位于 208 nm 和 316 nm 的特征峰分别位移至 230 nm 和 320 nm,位于 270 nm 的弱吸收峰明显尖锐,并于 410 nm 附近出现新的吸收峰. 本文认为碘掺杂后出现上述变化是由于四氨基酞菁锌与碘分子形成了分子间电荷转移络合物,使特征波长红移并导致四氨基酞菁锌自聚几率大大降低.

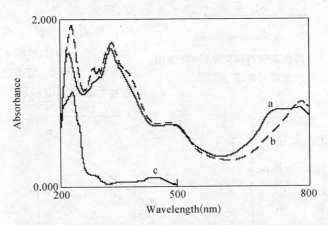

图 3-5 掺杂剂碘对 4NH₂-PcZn 紫外-可见光谱的影响
(a) 4NH₂-PcZn,(b) 掺杂碘的 4NH₂-PcZn,(c) 碘

3.1.3.2 荧光光谱

图 3-6 讨论了碘掺杂对四氨基酞菁锌荧光光谱的影响(根据图 3-5 四氨基酞菁锌的吸收光谱,选择激发波长 $\lambda = 330$ nm). 由图 3-6 可见,4NH₂-PcZn 的甲醇溶液在 390 nm 附近出现尖锐的发射峰,在 537 nm 附近出现宽吸收峰.

保持 4NH₂-PcZn 的浓度不变,在上述体系中滴加碘的甲醇溶液,发现随着碘的含量增加溶液的荧光强度连续下降. 本文认为引起

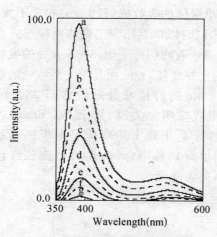

图 3-6 四氨基酞菁锌体系(掺杂碘)的荧光发射光谱

四氨基酞菁锌荧光强度下降的因素主要来源于 $4NH_2$-PcZn 与 I_2 形成了电荷转移络合物. 根据 Stern-Volmer 关系式(见式 2-1),以 F_0/F 对$[I_2]$作图应得到过(0,1)点的直线. 实验中,维持 $4NH_2$-PcZn 浓度不变,测得不同 I_2 浓度时的 390 nm 处的发射峰强度,得到 $F_0/F\sim[I_2]$的关系基本上是通过(0,1)点的直线(如图 3-7 所示).实验结果表明 $4NH_2$-PcZn 与 I_2 之间主要发生了激发态电荷转移作用.

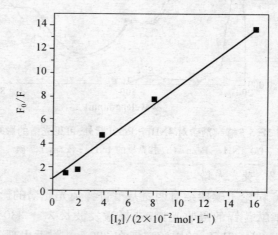

图 3-7 四氨基酞菁锌/碘体系中 F_0/F 与$[I_2]$的关系

典型受体材料碘对 $4NH_2$-PcZn 紫外-可见光谱和荧光光谱的影响表明,四氨基酞菁锌易呈现给体材料的性能.此结果与电化学数据相吻合.

3.1.4 四氨基酞菁锌的电化学过程

称量适量四氨基酞菁锌溶解于 DMF 溶剂中,配置浓度约 0.005 M 的溶液,加入适量的支持电解质四丁基高氯酸铵,使支持电解质的浓度与四氨基酞菁锌的浓度相当,用高纯 N_2 鼓泡除氧 30 min,在 N_2 气氛保护下使溶液平静一段时间后,进行循环电位扫描.

四氨基酞菁锌的循环伏安曲线如图 3-8 所示,在正电势区出现了一对典型的氧化还原峰,其峰位位于 1.05 V 和 1.08 V,起峰位置为 0.39 V(位于 0.0417 V 的起峰位置可能由杂质引起),而负向的起峰位置为 -0.74 V. 由这些数据可知,四氨基酞菁锌容易失去电子而形成阳离子,有望成为较好的电子给体材料.

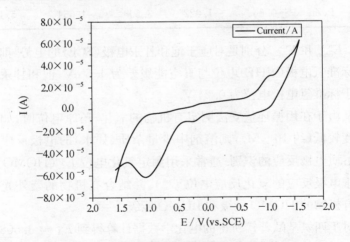

图 3-8 四氨基酞菁锌的循环伏安曲线

在循环伏安实验中,当电极电位由正向负变化时,电子的能量逐渐提高,一直达到某一临界电位,电子最终可以达到足以占有电解质中电活性物质的最高占用轨道(HOMO),此时即有电荷由电极向电活性物质注入,这个电荷注入起始所对应的临界电位称为还原过程启动电位（E_{onset}^{red}）. 同样，在电极电位由负向正变化时，存在氧化过程启动电位（E_{onset}^{ox}）. 四氨基酞菁锌的电子亲和势 E_A（或 LUMO）、电离势 I_p（或 HOMO）可以由氧化还原特性根据如下关系式计算：

$$E_{onset}^{red} = E_A - 4.74 \qquad (3-1)$$

$$E_{onset}^{ox} = I_p - 4.74 \qquad (3-2)$$

表 3 - 4　四氨基酞菁锌的半波电位

	E$_{1/2}$/V(vs. SCE) Reduction Steps			Oxidationpotential V(vs. SCE)	
	1st	2nd	E_A(eV)	1st	P$_I$(eV)
4NH$_2$ - PcZn	-0.66	-1.022	3.508	1.064	5.13

其中，E_{onset}^{red} 和 E_{onset}^{ox} 分别是对应于饱和甘汞电极（SCE）的电势，前提条件是标准氢电极（NHE）电位与真空能级差为 4.5 eV，饱和甘汞电极相对于标准氢电极电位为 0.24 V.

又由于在用循环伏安法测定有机物的氧化-还原电位时，如果溶质浓度较低（约 10^{-4} M），则溶剂中少量杂质（如水）的电极反应会干扰对溶质电极反应的识别. 通常采用测定氧化电位 E^{ox}（HOMO 能级对应于电极反应的氧化反应电位 E^{ox}），并结合有机物的紫外光谱来估算有机物的 HOMO 能级和 LUMO 能级.

对于四氨基酞菁锌所得的电化学数据计算得到 $E_A = 3.508$ eV，$I_p = 5.13$ eV.

3.2　高溶解性酞菁锌环氧衍生物的合成和性能[84]

酞菁及其金属配合物因其特殊的平面共轭结构、高热稳定性和

化学稳定性而备受关注. 但无取代基酞菁溶解性差, 难溶于一般的有
机溶剂和水, 使其在软基太阳能电池、光动力学诊疗等方面的应用受
到限制. 本节着眼于制备高溶解性酞菁锌环氧衍生物, 并对其光电性
能进行研究.

3.2.1 酞菁锌环氧衍生物的合成

取一定量的四氨基酞菁锌, 置入三颈瓶中, 中间口用冷凝管, 一
侧加温度计, 另一侧加分液漏斗. 加入适量的 DMF 溶剂溶解, 加热,
加入少量氢氧化钠作催化剂. 反应半小时后用分液漏斗缓慢加少量
环氧氯丙烷. 十几分钟后体系温度升高. 恒温反应八小时后, 后处理,
即得产物. 推测产物结构如图 3-9 所示.

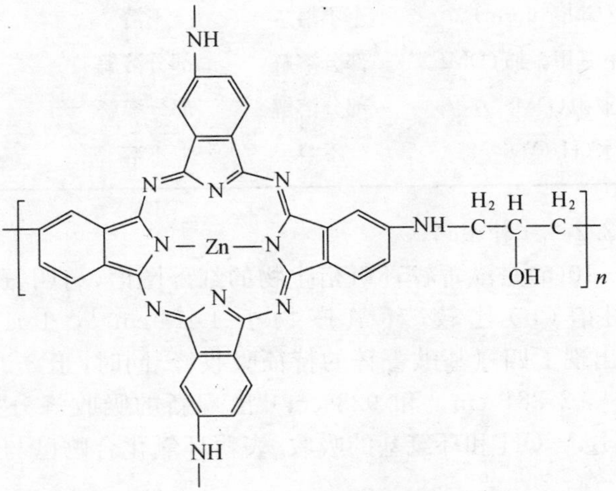

图 3-9 酞菁锌环氧衍生物的结构示意图

以 Perkin-Elmer 1600 series IR spectrometer, UV - 756MC
spectrometer and RF - 540 Spectrophotometer 分别测试产物的红外
光谱、紫外-可见光谱和荧光光谱.

3.2.2　酞菁锌环氧衍生物的性能

3.2.2.1　酞菁锌衍生物的溶解性

从表 3-5 中可看出,酞菁类化合物溶解性较差,但当它接上环氧基团、高分子化后,溶解性明显改善,能溶于常用的有机试剂,有利于薄膜的制备.

表 3-5　酞菁锌衍生物的溶解性比较

酞菁锌衍生物	四硝基酞菁锌	四氨基酞菁锌	酞菁锌环氧衍生物
乙醇(Ethanol)	微溶	微溶	溶解
甲醇(Methanol)	微溶	微溶	溶解
氯仿(Chloroform)	不溶	不溶	溶解
N,N-二甲基甲酰胺(DMF)	部分溶解	部分溶解	溶解
二甲亚砜(DMSO)	部分溶解	部分溶解	溶解
水(H_2O)	不溶	不溶	溶解

3.2.2.2　红外图谱

图 3-10(a)是酞菁锌环氧衍生物的红外图谱,与四氨基酞菁锌的红外图谱(b)比较,环氧产物于 1 474 cm^{-1}, 1 044 cm^{-1} 和 745 cm^{-1} 出现了四氨基酞菁锌的特征吸收峰. 同时,于 3 354 cm^{-1}, 2 936 cm^{-1}, 2 881 cm^{-1} 和 923 cm^{-1} 出现新的吸收峰分别对应于 OH, -CH_2, -CH 和环氧基的吸收. 表明环氧化合物已与酞菁环相连接.

3.2.2.3　酞菁锌环氧衍生物的紫外-可见光谱

图 3-11 是酞菁锌环氧衍生物紫外-可见光谱,图中曲线 a、b、c 分别代表四氨基酞菁锌、酞菁锌环氧衍生物和环氧氯丙烷的紫外-可见光谱,特征吸收峰列于表 3-6 中. 图中 200~400 nm 及 600~800 nm 处出现了酞菁的特征峰,表明酞菁本身结构未发生

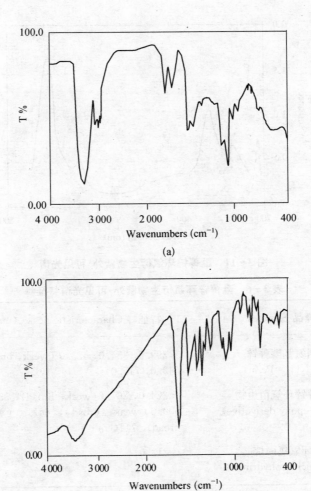

图 3 - 10　酞菁锌环氧衍生物的红外图谱

变化. 由于环氧键的阻挡作用,酞菁锌环氧衍生物主要以单聚体形式存在.

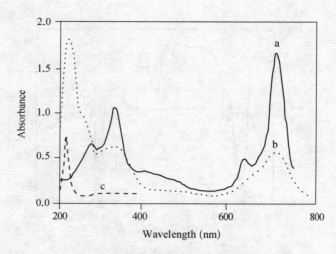

图 3 - 11　酞菁锌环氧衍生物紫外-可见光谱

表 3 - 6　酞菁锌环氧衍生物紫外-可见光谱特征峰

样品 Samples	特征峰 Characteristic peaks（nm）
四氨基酞菁锌 （4NH₂ - PcZn）	299.5，354.0，423.0（weak，broad）， 643.0，715.0
酞菁锌环氧衍生物 （ZnPc-epoxy derivative）	224.0，267.0（weak，broad），350.0， 500.0（weak，broad），647.0（weak， broad），711（cm⁻¹）
环氧氯丙烷 （Epichlorohydrin）	213.0

3.2.2.4　酞菁锌环氧衍生物的荧光光谱

　　酞菁锌衍生物的荧光光谱（甲醇）如图 3 - 12 所示. 图中曲线 a 为
酞菁锌-环氧衍生物的激发光谱，曲线 b～d 分别为四氨基酞菁锌、酞
菁锌-环氧衍生物和环氧氯丙烷的荧光光谱. 光谱特征峰位列于表
3 - 7. 根据曲线 a，选择激发波长为 340 nm. 由图可见，与四氨基酞菁

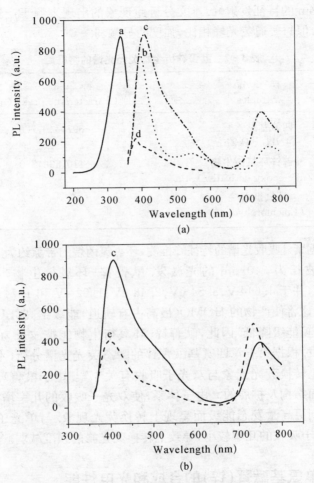

图 3-12　酞菁锌衍生物的荧光光谱(甲醇)

锌的荧光光谱相比,所得酞菁锌环氧衍生物的荧光强度明显增加. 于 750.0 nm 出现酞菁锌的特征发射峰,而位于 397 nm 的发射峰由于受环氧基团的影响,红移至 410 nm. 当选择激发波长为 635 nm,所得酞菁锌环氧衍生物的荧光光谱如曲线 e 所示. 从曲线 e 可见位于 410 nm

和 530 nm 的特征发射峰.本文分析此现象的出现来源于产物的上转换荧光,但与普通荧光峰相比,强度明显减弱.

表 3 - 7　酞菁锌衍生物荧光光谱的特征峰

样　品 Samples	特　征　峰 Characteristic peaks（nm）
四氨基酞菁锌 （4NH$_2$ - PcZn）	397,546,773
酞菁锌环氧衍生物 （ZnPc-epoxy derivative）	410,530,750
环氧氯丙烷 （Epichlorohydrin）	382.0（×4）

　　根据紫外吸收光谱的特征峰推测,环氧氯丙烷的带隙约为 5.82 eV,难以被波长为 340 nm 的光激发.酞菁锌-环氧衍生物带隙约为 5.54 eV,并于 4.64 eV、3.54 eV、2.48 eV、1.92 eV 和 1.74 eV 出现次能级,这将使产物的 HOMO（最高占有轨道）能级抬高,LUMO（最低空轨道）能级降低.因此,酞菁锌-环氧衍生物能被波长为 340 nm 的光激发.根据第五章四氨基酞菁锌的瞬态荧光光谱分析,本文认为产物的上转换荧光现象与双光子吸收有关[85-86].由于酞菁环具有特殊的平面结构及扩展的 π 电子体系,使双光子吸收的几率增加,将电子激发到更高激发态能级而呈现上转换荧光现象.与单光子吸收相比,双光子吸收的几率较小,导致上转换荧光峰的强度减弱.

3.3　单氨基酞菁(锌)的合成和光电性能

　　非金属酞菁是一个封闭的十六圆环,其环内有一个空穴,空穴的直径约为 2.7×10^{-10} m,可以与铁、镍、锌等过渡金属结合生成平面型金属酞菁;同时酞菁环还可以与钇、镱、铒、铷、铈等稀土金属原子形成夹层型(也叫"三明治"型)金属酞菁;此外,酞菁环周边的 16 个氢原子可以被许多原子或基团取代形成结构对称或不对称的酞菁衍生物. 因此,非对称空心酞菁(简称单氨基酞菁)可以作为酞菁衍生物的中间体,既可以与金属生成所需要的金属酞菁,有可以按照酞菁环上的官能团反应生成酞菁类衍生物[87-90]. 本节制备了单氨基取代非对称非金属酞菁(简称单氨基酞菁,$NH_2 - H_2Pc$),同时合成了单氨基取代酞菁锌(简称单氨基酞菁锌,$NH_2 - PcZn$).并对产物进行了表征和光电性能的研究.

3.3.1 单氨基酞菁(锌)的制备

将 4-硝基邻苯二甲酸、邻苯二甲酸按照 1:3 摩尔比与少量的钼酸铵(作为催化剂)以及尿素混合并用研钵充分研磨后,加入内有硝基苯(作为溶剂)的三颈瓶中. 在三颈瓶的一个侧口装上冷凝管,另一个侧口用玻璃管密封,中间用电动搅拌机搅拌,油浴升温至一定温度,开始有黑色物质生成,反应 5 h 后冷却、抽滤,用甲醇洗涤滤饼至无硝基苯气味,黑色固体粉末中加 500 ml(1 mol/L)HCl 煮沸 0.5 h,再用 100 ml(1 mol/L)NaOH 煮沸 0.5 h,重复处理两次,最后用蒸馏水洗涤至中性,再用丙酮洗涤. 后处理,得硝基取代非对称空心酞菁. 按照 3.1.1 的方法还原得单氨基取代非对称空心酞菁.

单硝基取代酞菁锌和单氨基取代酞菁锌的制备过程同上,只需在反应第一步中加入醋酸锌.

以德国 Elemeutar 公司 Vario EL(Ⅲ)元素分析仪对产物进行分析,结果如表 3-8 所示. 由表可见,所合成的产物基本上与理论值相吻合.

表3-8 单氨基酞菁(锌)的元素分析

物质名称	理论值(%)			实测值(%)		
	C	H	N	C	H	N
$NH_2 - H_2Pc \cdot 5H_2O$	62.03	4.6	20.36	62.12	4.52	20.32
$NH_2 - PcZn$	64.86	2.87	21.28	64.48	2.32	21.31

3.3.2　单氨基酞菁(锌)的光电性能

3.3.2.1　紫外-可见光谱

以 756MC 紫外-可见分光光度计测试单氨基酞菁(锌)在 DMF 溶液(4.0×10^{-5} M)中的紫外-可见光谱,结果如图 3-13 所示,特征峰位列于表 3-9 中.

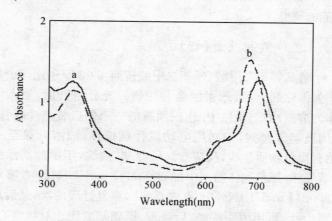

图 3-13　单氨基酞菁(锌)的紫外-可见光谱

表 3-9　单氨基酞菁(锌)的紫外-可见光谱特征峰位

吸　收　带	B 带(nm)	Q 带(nm)
单氨基酞菁(a)	333	623,693
单氨基酞菁锌(b)	350	615,687

从紫外-可见光谱来看,所合成的单氨基酞菁(曲线 a)的 B 带和 Q 带吸收峰位置分别为 333 nm 和 693 nm,单氨基酞菁锌(曲线 b)的 B 带和 Q 带吸收峰位置分别为 350 nm 和 687 nm,符合酞菁的电子光谱特征.从图中可以看出,单氨基酞菁的 Q 带吸收峰强度小于其 B 带吸收强度;而单氨基酞菁锌恰恰相反,Q 带吸收大于其 B 带吸收.这

是由于 Q 带是 $\pi - \pi^*$ 的跃迁引起的,而 $\pi - \pi^*$ 的跃迁是 HOMO - LUMO 电子的跃迁,当中心金属锌原子的 d、f 电子参与共轭,使 π 电子密度增大,HOMO 能级相应抬高,$\pi - \pi^*$ 跃迁更易发生,从而使其 Q 带的峰值明显增大.

3.3.2.2 单氨基酞菁(锌)荧光光谱

将所合成的单氨基酞菁(锌)溶解在 DMF 中,得到浓度为 $(4.0 \times 10^{-6}$ M) 的溶液,在室温下以 970CRT 荧光分光光度计测试产物的荧光光谱.激发光源是 150 W 氙灯,激发和发射的缝宽是 10 nm.根据图 3 - 13 选择激发波长为 395 nm.

由图 3 - 14 可见,单氨基酞菁(曲线 a,灵敏度为 3)和单氨基酞菁锌(曲线 b,灵敏度为 2)都在 400～600 nm 和 700～800 nm 处具明显的光致发光效应.单氨基酞菁锌的发射光谱受中心金属离子影响.具有抗磁形式结构的金属离子将会形成强发光的络合物,而顺磁形式则不能.单氨基酞菁锌的中心金属离子 Zn(Ⅱ)的电子壳层被充满,它们的离子构型与惰性气体相同,呈抗磁性,形成具有 $L^* \rightarrow L$ 型发光的络合物.因此,单氨基酞菁锌在 700～800 nm 波段的荧光强度明显大

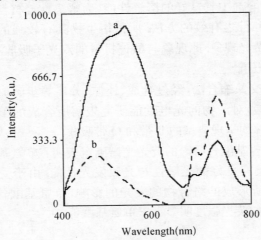

图 3 - 14 单氨基酞菁(锌)荧光光谱

于单氨基酞菁,这与紫外可见光谱中单氨基酞菁锌 Q 带吸收强度大于单氨基酞菁相一致.

3.4　本章小结

本章在合成了多种超分子组装用酞菁衍生物的基础上,着重讨论产物的光电性能,得到如下结果:

1. 以 4-硝基邻苯二甲酸、醋酸锌、尿素等为主要原料,钼酸铵为催化剂,制备四硝基酞菁锌. 并进一步还原得四氨基酞菁锌. 所得产物呈现典型的 B 带和 Q 带吸收,并具明显的溶剂化效应. 氨基取代酞菁在 350～550 nm 处出现很宽的吸收峰对应于电荷转移特征吸收.

2. 典型受体材料碘的加入引起 $4NH_2$-PcZn 紫外-可见光谱特征峰的红移、解聚,及位于 390 nm 附近的荧光发射峰连续淬灭,根据此现象及电化学性质推测:在适当的电子受体材料掺杂条件下,四氨基酞菁锌可作为电子给体材料使用.

3. 合成了四氨基酞菁锌-环氧衍生物,产物在甲醇、乙醇、DMF、H_2O 等常用溶剂中具良好的溶解性能,为解决酞菁材料的溶解性问题提供了一种行之有效的方法. 所得衍生物具有较强的荧光发射效应和上转换荧光现象. 此现象与酞菁材料的双光子吸收有关. 此工作国内外未见报道.

4. 采用交叉缩合法,经过合成、还原、分离等步骤成功制备了单氨基酞菁(锌),对产物的光电性能研究表明所合成的单氨基酞菁和单氨基酞菁锌均呈现典型的 B 带和 Q 带吸收.

5. 对单氨基酞菁(锌)的荧光光谱测定表明:单氨基酞菁和单氨基酞菁锌都具有良好的光敏性与光致发光性能. 由于受金属离子与有机配位体所形成的络合物的发光的影响,单氨基酞菁锌在 700～800 nm 波段的荧光强度明显大于单氨基酞菁.

第四章　C_{60}/酞菁电荷转移络合物的研制与光电性能

4.1　C_{60}/酞菁分子间光诱导电子转移理论[91-97]

在化学和生物领域,光诱导电子转移过程是非常重要的. 本世纪化学发展的一个重要目标是能构造和发展基于分子和超分子体系的软基太阳能转换系统,以使太阳能能转换成其他有用而又稳定的能源. 储存太阳能的一种方式是把它转换成化学能,如植物的光合作用. 然而,在建造此类太阳能转换系统时,必然会遇到一些特殊需要:(1) 太阳能必须能被目标分子或传感器捕获,以使分子进入"激发态";(2) 吸收的能量足够使电子转移到受体;(3) 电子发生定向迁移;(4) 激发态的寿命足够长,以保证电子转移的发生. 以上四点是构造太阳能转换系统时面临的严峻挑战.

分子间光诱导电子转移是一个简单的电子转移过程,当光激发时电子从给体(D)向受体(A)转移,结果产生给体阳离子自由基(D^{+})和受体阴离子自由基(A^{-}). 如果这些基团在回到基态前能向电子或空穴一样被利用以产生电流或引发化学反应,则太阳能就被有效地转换成电能或化学能.

光诱导电子转移过程(PET)的一个关键因素是给体和受体的成功匹配,即具有合适的电化学和光物理特性. 在研究 PET 过程时必须了解发色团的激发态能量和 D、A 的氧化还原电位.

由于富勒烯的发现和制备技术的发展,富勒烯已被用作光敏材料和电子受体. 富勒烯(C_{60}/C_{70})的一系列独特的电学和光物理学特性,使其在 PET 领域引起广泛关注. 这些特性包括:(1) 富勒烯具有与苯醌相近的一级还原电位. 由于在电化学过程中富勒烯最多可接受 6 个电子,它就像是一座电子收集器,能实现多级光还原过程;(2) 根据瞬态吸收光谱的特征,单线态 C_{60} 在可见和近红外区域产生特征的单线态-单线态吸收. 激发单线态($1.65\sim1.75$ eV)的寿命很短(约 $0.9\sim1.3$ ns),因此一旦产生就向低能激发三线态(寿命约 40 μs)转移;(3) C_{60} 的三线态-三线态吸收光谱于 740 nm 产生最大吸收峰($\varepsilon = 18\,000$ $M^{-1}cm^{-1}$);(4) 一些有关 C_{60} 的实例关心 π-离子自由基($C_{60}{}^-$)的光吸收光谱,于 1 080 nm 出现窄带吸收,并以此作为判断的标准;(5) 基于富勒烯的电子给受体系显示较快的光诱导电荷分离(CS)和较慢的电荷重组过程(CR).

基于富勒烯-卟啉混合体系产生光电流的研究最近非常活跃,许多文献报道此体系的电子转移和能量转移过程. 而酞菁由于其特殊的性能,如半导体性能、光电导性、光化学反应性、化学稳定性、催化性能等受到广泛关注. 为了研究从酞菁到电子受体的电荷转移(ET)过程,必须研究酞菁的光物理过程. 本章主要讨论 C_{60} 与酞菁的电荷转移过程.

4.2 电荷转移络合物的价键理论——Mulliken 理论[98]

超分子化合物是由主体分子和一个或多个客体分子之间通过非价键作用而形成的复杂而有组织的化学体系. 主体通常是富电子的分子,可以作为电子给体(D),而客体是缺电子的分子,可作为电子受体(A),如酸、阳离子、亲电体等. 超分子化学和配位化学同属于授受体化学,超分子体系中主体和客体之间不是经典的配位键,而是分子间的弱相互作用,即形成电荷转移络合物.

电荷转移络合物是两个价态饱和的(即具有闭壳层电子结构)分子,由于发生相互间电子转移作用形成的计量化合物. 例如,由苯(ΦH)与四氰乙烯(TCNE)形成的 $\Phi H \cdot TCNE$ 便是电荷转移络合物的典型例子,此例中苯环上的电子部分转移到 TCNE 上. 给出电子的分子称为电子给体,简称 D;接受电子的分子称为电子受体,简称 A.

电荷转移络合物一般可表示为 D·A. 由于原子和离子可看成是一种特殊的分子,所以原子和离子都可以成为 D 和 A.

电荷转移络合物的 Mulliken 理论是一种价键理论,它认为电荷转移络合物(D·A)的状态由 D 与 A 相互作用的非键态(D, A)和配键态(D⁺-A⁻)的组态线性组合(Mulliken 称为共振)而成.

所谓非键态是这样一种状态,D 与 A 接近到电荷转移络合物中的距离,并且 D 与 A 具有与络合物同样的几何构型. 在非键态中,D 与 A 之间没有电子配对或共享引起的作用存在,即其作用的性质是非键的,亦即其作用是一种物理的相互作用:库仑力(离子间的作用力)、葛生力(偶极子间的静电作用力)、德拜力(偶极子与诱导偶极子间的诱导作用力)和伦敦力(非偶极子间的色散作用力),以及交换 D 与 A 中的电子时必须保持体系波函数为反对称的鲍利排斥力. 所谓配键态是有一个电子从 D 转移到 A.

用量子力学的符号表示,上述组态线性组合过程可写为式 4-1,也可用图 4-1 表示.

$$\Phi(D \cdot A) = a\Phi_0(D, A) + b\Phi_1(D^+ - A^-) \qquad (4-1)$$

电荷转移络合物　　　非键态　　　　配键态

其中 a 和 b 是组合系数.

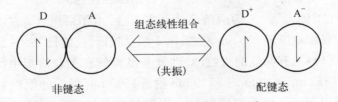

非键态　　　　　　　　　　　　　　　　　　配键态

图 4-1　电荷转移络合物中的非键态(D, A)和配键态(D⁺-A⁻)

根据此理论,对比较弱的电荷转移络合物,各能量间有如下关系:

$$\Delta W = h\frac{c}{\lambda} = I_p(D) - E_a(A) + \frac{-e^2}{r_0} + W_r - W_c \qquad (4-2)$$

式中 ΔW 为反应过程中形成电子-空穴对需要的能量，$I_p(D)$ 为给电子体的电离能，$E_a(A)$ 为受电子体的电子亲和能，r_0 为束缚态电子-空穴对的平衡距离，W_r 为 A 与 D 接近发生反应时的回弹能，W_c 为 A 与 D 组成共价键须达到的稳定化能.

4.3 C$_{60}$/四氨基酞菁锌混合物的光谱性能研究

4.3.1 实验过程

将 C$_{60}$ 和四氨基酞菁锌在溶液状态下混合是制备 C$_{60}$/四氨基酞菁锌分子间电荷转移络合物最简单的方法. 光谱滴定的测量方法是：配制一定浓度的 C$_{60}$ 甲苯溶液（浓度约为 $10^{-6}\,\mathrm{mol/L}$）和四氨基酞菁锌 DMF 溶液（浓度约为 $10^{-6}\,\mathrm{mol/L}$），将待测溶液的体积恒定为 2.0 ml，其中 C$_{60}$ 与四氨基酞菁锌的总摩尔浓度保持为 $10^{-6}\,\mathrm{mol/L}$，改变 C$_{60}$ 在该体系中所占的摩尔浓度的比例，以 UV-756MC 紫外分光光度计测试样品的紫外可见吸收光谱，得到系列图谱.

4.3.2 C$_{60}$/四氨基酞菁锌混合物的紫外可见光谱

C$_{60}$、四氨基酞菁锌混合溶液的 UV-VIS 光谱如图 4-2 所示. 图中方框内的数值为 C$_{60}$ 与四氨基酞菁锌的摩尔比，其中 C$_{60}$：四氨基酞菁锌＝0：10 与 1：9 的两条曲线基本重合. 由图可见，C$_{60}$ 在混合溶剂中的吸收峰位于 335 nm 左右；由于浓度较低，在波长 430～800 nm 内，未发现 C$_{60}$ 有明显的吸收峰. 四氨基酞菁锌在混合溶剂中的吸收峰位于 353 nm、640 nm 和 715 nm 附近（500 nm 附近的倒吸收峰是由仪器引起的）. 而不同比例 C$_{60}$、四氨基酞菁锌混合溶液的吸收谱大体上是 C$_{60}$（甲苯溶液）与四氨基酞菁锌（DMF 溶液）吸收谱的简单叠加，且无明显的吸收等当点出现，表明在较低浓度掺杂的混合溶液中由于溶剂的隔离作用两种分子并没有发生基态下的电荷转移.

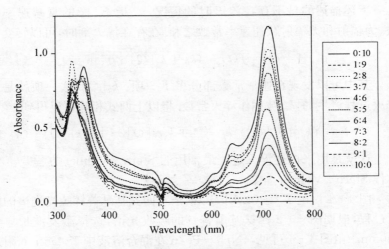

图 4 − 2 C$_{60}$/四氨基酞菁锌混合物的紫外可见光谱

4.3.3 C$_{60}$/四氨基酞菁锌混合物的荧光淬灭

荧光淬灭过程是同荧光发射过程相互竞争使发光物质的激发态寿命缩短的过程. 这是一个分子间的过程,发生于荧光物质分子与淬灭剂分子相互作用之时. 淬灭的具体过程可以根据作用的不同分为两大类:碰撞淬灭和静态淬灭.

其中碰撞淬灭过程描述的是一个荧光体分子受激到达激发状态后,在发射荧光同时与之竞争进行的一种通过与淬灭剂分子碰撞而无辐射去活回到基态的过程. 在能态图上可以用图 4 − 3 表示.

根据稳态近似条件,有

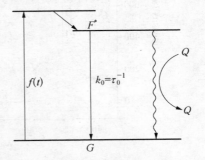

图 4 − 3 碰撞淬灭过程示意图

$$\mathrm{d}[F^*]/\mathrm{d}t = f(t) - k_0[F^*]_0 = 0 \qquad (4-3)$$

上述描述的是不存在淬灭时的情况, k_0 指 F^* 态的衰减速率常数, 为辐射和无辐射跃迁速率常数之和. 在存在淬灭剂时, 可以转变为

$$\mathrm{d}[F^*]/\mathrm{d}t = f(t) - (k_0 + k_q[Q])[F^*] = 0 \qquad (4-4)$$

其中可以发现在速率常数部分多了一项: $k_q[Q]$, 这一项就是由淬灭过程产生的, k_q 被称作淬灭常数. 将以上两式相除可以得到

$$F_0/F = (k_0 + k_q[Q])/k_0 = 1 + k_q\tau_0[Q] = 1 + k_D[Q] \qquad (4-5)$$

这就是用来描述淬灭过程最常用的 Stern - Volmer 方程. k_D 常称作 Stern - Volmer 常数.

图 4 - 4 讨论了 C_{60}(0.1 g/L)掺杂对四氨基酞菁锌荧光光谱的淬灭过程, 根据图 4 - 2 四氨基酞菁锌的吸收光谱, 选择激发波长 $\lambda = 340$ nm. 由图 4 - 4 可见, $4NH_2$ - PcZn 在混合溶液中于 455 nm 附近出现宽荧光峰, 在 737 nm 附近出现尖锐的发射峰.

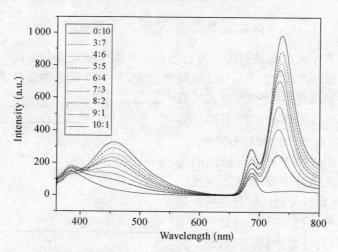

图 4 - 4 C_{60}/四氨基酞菁锌混合物的荧光光谱

保持 $4NH_2$ - PcZn 的浓度不变, 在上述体系中滴加 C_{60} 溶液(由于 C_{60} 溶液的浓度较大, 此过程可不考虑稀释效应), 发现随着 C_{60} 含

量的增加溶液的荧光强度连续下降. 本文认为引起四氨基酞菁锌荧光强度下降的因素主要来源于 $4NH_2 - PcZn$ 与 C_{60} 形成了分子间电荷转移络合物. 电荷转移络合物的形成导致 $4NH_2 - PcZn$ 的荧光强度降低, 即发生了荧光淬灭效应[99]. 如果形成激发态的电荷转移络合物, 那么 C_{60} 对 $4NH_2 - PcZn$ 荧光的淬灭应符合 Stern - Volmer 关系式 4 - 6:

$$F_0/F = 1 + k\tau[C_{60}] \qquad (4-6)$$

如以 F_0/F 对 $[C_{60}]$ 作图应得到过 (0, 1) 点的直线. 式中 F_0、F 分别表示不加淬灭剂和加淬灭剂时的荧光强度, k 为淬灭速率常数, τ 为荧光寿命, $[C_{60}]$ 为淬灭剂的浓度.

实验中, 维持 $4NH_2 - PcZn$ 浓度不变, 测得不同浓度 C_{60} 掺杂时 740 nm 处的发射峰强度, 得到 $F_0/F \sim [C_{60}]$ 的关系 (如图 4 - 5 所示). 由图可见, 当 C_{60} 的掺杂浓度 $\leqslant 50\%$, 所得数据是一条通过 (0, 1) 点的直线, 表明在此浓度范围四氨基酞菁锌与 C_{60} 之间主要发生了激发态电荷转移作用. 而掺杂浓度的进一步增加, 有利于基态电荷转移络合物的生成.

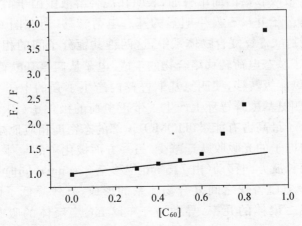

图 4 - 5   C$_{60}$/四氨基酞菁锌混合体系中 F_0/F 和 $[C_{60}]$ 之间的关系

4.4 C$_{60}$/四氨基酞菁锌复合物的光谱性能研究

4.4.1 实验过程

将四氨基酞菁锌饱和溶液（DMF）和 C$_{60}$ 饱和溶液（甲苯）分别按照不同比例混合，在 55℃ 的油浴中加热搅拌 20 小时以上得到 C$_{60}$/四氨基酞菁锌复合物，测试其紫外可见光吸收光谱、荧光性能和循环伏安特性，并与其相对应的混合物光谱性能比较.

C$_{60}$/四氨基酞菁锌复合物溶于 DMF 和甲苯的混合溶液中得到饱和溶液，并加入适量聚乙烯醇缩丁醛作为分散剂，用旋涂法把复合物溶液涂覆在 ITO 导电玻璃上，在真空干燥箱中烘干得到 C$_{60}$/四氨基酞菁锌复合物薄膜，用微电流计测试薄膜的伏安特性.

4.4.2 C$_{60}$/四氨基酞菁锌复合物的紫外可见光谱

本文测到的 C$_{60}$ 和四氨基酞菁锌混合溶液吸收谱与文献[100]报道的结果基本一致，即它的吸收谱大体上是纯 C$_{60}$ 溶液和四氨基酞菁锌溶液吸收谱的简单叠加，表明在混合溶液中由于溶剂的隔离作用两种分子并没有发生明显的基态电荷转移，但在图 4-6 所示 C$_{60}$/四氨基酞菁锌复合物体系中，这两种共轭分子间的相互作用增强，有利于基态电荷转移络合物的生成. 电子从四氨基酞菁锌向 C$_{60}$ 的 LUMO 能级转移，使四氨基酞菁锌内产生了强的电子"晶格"相互作用，四氨基酞菁锌环上产生了带正电荷的极化子（P$^+$），四氨基酞菁锌分子最高占有能级（HOMO）顶部的态密度相应地减少，使得带间自由电子的光吸收跃迁减少. 另一方面极化子的集体作用使吸收峰略向长波方向移动（由 715 nm 位移至 720 nm）. 同时发现由于 C$_{60}$ 与四氨基酞菁锌之间复合物体系的形成，有效降低了四氨基酞菁锌形成二聚体的几率，导致位于 642 nm 二聚体的吸收峰明显降低.

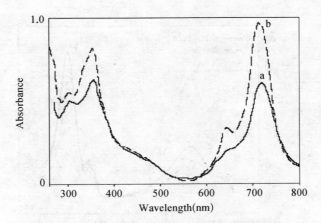

图 4 - 6　C₆₀/四氨基酞菁锌复合物的紫外可见光谱

(a) C₆₀/四氨基酞菁锌复合物 (b) C₆₀/四氨基酞菁锌混合物

4.4.3　C₆₀/四氨基酞菁锌复合物体系的荧光光谱

图 4 - 7 和 4 - 8 分别比较了 C₆₀/四氨基酞菁锌混合物和复合物

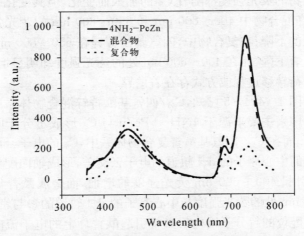

图 4 - 7　C₆₀/四氨基酞菁锌复合物体系的荧光发射谱

(C₆₀：四氨基酞菁锌＝3：7)

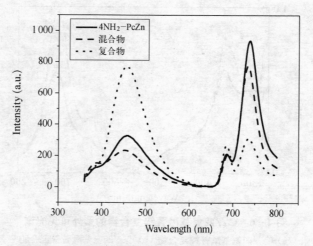

图 4-8 C$_{60}$/四氨基酞菁锌复合物体系的荧光发射谱

（C$_{60}$：四氨基酞菁锌＝5∶5）

体系在 340 nm 光激发时的荧光发射光谱. 从图中得知,尽管复合物体系和混合物的荧光强度都随着 C$_{60}$ 的加入而变化,但其变化的方式不尽相同. 在混合物中 400～600 nm 和 650～800 nm 的荧光强度都发生了明显的下降;在复合物中,四氨基酞菁锌在 650～800 nm 处的荧光强度显著下降,而在 400～600 nm 处的荧光强度却明显增强,表明二者的电荷转移过程或方式存在着差异.

根据图 4-4,4-5 已知,C$_{60}$/四氨基酞菁锌混合物体系中荧光强度下降的因素主要来源于 4NH$_2$ - PcZn 与 C$_{60}$ 形成了分子间电荷转移络合物. 而在 C$_{60}$/四氨基酞菁复合物体系中,C$_{60}$ 的电子云可与四氨基酞菁锌的中心离子的 d、f 轨道的电子云交盖,形成轴向配位的超分子结构,引起 400～600 nm 荧光强度的增加. 而金属酞菁化合物在 650～800 nm 处的荧光强度与中心离子的 d、f 轨道的参与密切相关,形成轴向配位的超分子结构后必将引起酞菁环上的电子流向中心离子的 d、f 轨道,酞菁环电子云密度降低,使 650～800 nm 的荧光强度呈现明显的下降趋势.

4.5 C₆₀/单氨基酞菁(锌)复合物的光谱性能研究

4.5.1 实验过程

将单氨基酞菁(锌)DMF饱和溶液和C₆₀甲苯饱和溶液分别按照1∶1和2∶1的比例混合,在55℃的油浴中加热搅拌20 h以上得到单氨基酞菁(锌)与C₆₀的复合物,测试其紫外可见光吸收性能和荧光性能,并与其相对应的混合物光谱性能比较.

4.5.2 单氨基酞菁(锌)和C₆₀复合物的紫外可见光谱

图4-9至图4-11为单氨基酞菁(锌)和C₆₀复合物(混合物)的紫外可见光谱. 从图中可以看出,无论是单氨基酞菁与C₆₀复合物还是它们的混合物的紫外可见光吸收峰位置都没有明显位移,这说明在基态中酞菁与C₆₀之间并没有发生明显的电荷转移. 然而对照图

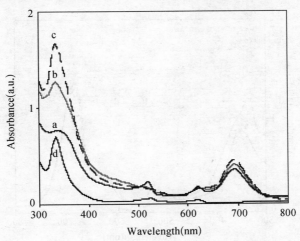

图4-9 单氨基酞菁/C₆₀复合物紫外可见光吸收图

单氨基酞菁∶C₆₀=1∶0(a);1∶1(b);2∶1(c);0∶1(d)

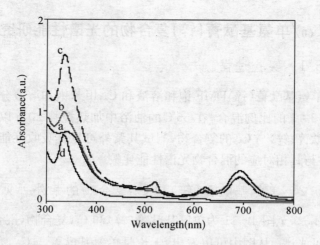

图 4-10   单氨基酞菁/C_{60}混合物紫外可见光吸收图

单氨基酞菁:C_{60} = 1∶0 (a);1∶1 (b);2∶1 (c);0∶1 (d)

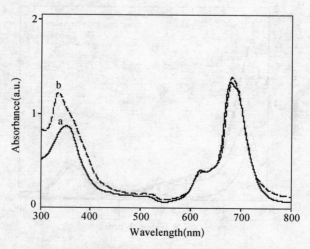

图 4-11   单氨基酞菁锌/C_{60}复合物紫外可见光吸收图

单氨基酞菁锌:C_{60} = 1∶0 (a);1∶1 (b)

4-9和图4-10发现由于C_{60}在B带具有强吸收,导致复合物在B带的吸收强度明显增强,且在Q带的吸收也有微小的增加.而混合物在B带的吸收变化没有复合物大,Q带吸收反而下降.单氨基酞菁锌与C_{60}复合物出现同样结果,如图4-11所示.这说明,复合物在基态虽然没有发生明显的电荷转移,但其吸收不是酞菁、C_{60}二者吸收的简单相加,在二者之间发生了协同增强效应[100].

此外,比较图4-9和图4-11可以发现,在金属酞菁化合物中,Q带的吸收与中心金属离子的存在有关.由于中心金属离子的d、f轨道的参与,可提供较多的载流子,使Q带的相对吸收强度(与B带比较)明显增加.

4.5.3 单氨基酞菁(锌)和C_{60}复合物的荧光光谱

图4-12、图4-13分别显示了单氨基酞菁和C_{60}复合物以及二者混合物在395 nm光波激发时的荧光发射光谱.

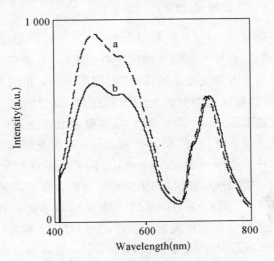

图4-12 单氨基酞菁/C_{60}复合物的荧光发射光谱

单氨基酞菁(a) 复合物(b) (395 nm激发)

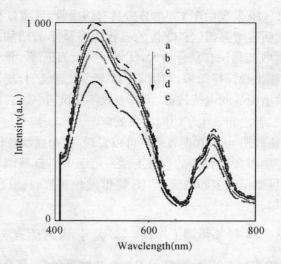

图 4 - 13 单氨基酞菁/C_{60} 混合物荧光发射光谱单氨基酞菁：
C_{60} = 1∶0(a)；3∶1(b)；1∶1(c)；1∶2(d)；1∶4(e)
(395 nm 激发)

　　从图中得知，随着复合物和混合物中 C_{60} 的量的增加荧光强度逐步下降，表明 C_{60} 对单氨基酞菁的荧光有猝灭作用，单氨基酞菁和 C_{60} 在激发态发生了电荷或能量的转移. 对照图 4 - 12 和图 4 - 13 可以发现，尽管复合物和混合物的荧光强度都随着 C_{60} 量的增加而下降，但其下降的方式不尽相同. 在复合物中，单氨基酞菁在 400～600 nm 处的荧光强度显著下降，而在 650～800 nm 处的荧光强度没有影响，在混合物中 400～600 nm 和 650～800 nm 的荧光强度都发生了明显的下降，表明了二者的电荷转移和能量转移过程存在着差异.

　　比较图 4 - 7、图 4 - 8、图 4 - 12 和图 4 - 13，单氨基酞菁化合物的荧光发射光谱均存在双重荧光发射峰，分别对应于紫外-可见吸收光谱的 B 带和 Q 带，其中 Q 带的发射峰与中心金属离子密切相关. 在单氨基空心酞菁和 C_{60} 复合物中，部分激发态电荷转移络合物的形成引起 400～600 nm 处荧光强度的下降，但下降速度较慢. 由于无金属离子的参与,650～800 nm 处的荧光强度没有明显变化. 混合物中双峰荧光强度的下降速度基本一致,推测主要与稀释效应有关.

4.6　C_{60}/四氨基酞菁锌复合物体系内电子转移过程的研究

4.6.1　C_{60}/四氨基酞菁锌复合物的循环伏安特性

图 4 - 14 是纯四氨基酞菁锌的循环伏安图,图 4 - 15 是 C_{60}/四氨基酞菁锌复合物不同反应时间的循环伏安图. 通过比较可以看到,随反应时间的增加,复合物于一0.54 V 附近出现一对新的氧化还原峰,推测其为 C_{60}/四氨基酞菁锌复合物的准可逆氧化还原峰,复合物的第一还原半波电位较之 C_{60} 母体负移 20 mV,说明复合物接受电子能力不及 C_{60} 母体. 与纯四氨基酞菁锌的循环伏安图相比较,复合物的第一氧化半波电位较之四氨基酞菁锌母体正移 500 mV,说明复合物给电子能力不及四氨基酞菁锌母体. 电化学测试表明,C_{60}/四氨基酞菁锌复合物比母体更稳定.

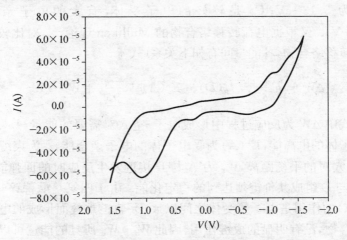

图 4 - 14　四氨基酞菁锌的循环伏安图

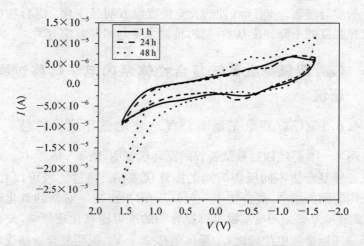

图 4－15　反应时间对 C₆₀/四氨基酞菁锌复合物循环伏安特性的影响

4.6.2　C₆₀/四氨基酞菁锌复合物吸收光谱的理论计算

根据第三章的测试结果,四氨基金属锌有较强的给电子能力,电离势为 5.13 eV;C₆₀ 是较好的电子受体,有大的电子亲合势(2.65 V). 又根据电荷转移络合物的 Mulliken 理论[98],对比较弱的电荷转移络合物,各能量间有如下关系(式 4－2):

$$\Delta W = h\frac{c}{\lambda} = I_p(D) - E_a(A) + \frac{-e^2}{r_0} + W_r - W_c$$

式中 ΔW 为反应过程中形成电子-空穴对需要的能量,$I_p(D)$ 为给电子体的电离能,$E_a(A)$ 为受电子体的电子亲合能,r_0 为束缚态电子-空穴对的平衡距离,W_r 为 A 与 D 接近发生反应时的回弹能,W_c 为 A 与 D 组成共价键须达到的稳定化能. 由于四氨基酞菁锌(D)与 $C_{60}(A)$ 的作用是电子给受体之间以 π－π 轨道重叠而形成的电荷转移复合物,没有明显的成键作用,因此 $W_r - W_c$ 所具的能量可以忽略不计. C₆₀/四氨基酞菁锌超分子化合物的特征吸收波长可根据下式求出：

$$\Delta W = 5.13 - 2.65 - 6.24 \times 10^{18} \times 9.0 \times 10^9 \times$$

$$(1.6 \times 10^{-19})2/1.9 \times 10^{-9}$$

$$= 1.723 \text{ eV}$$

$$\Delta W = hc/\lambda = 1.723 \text{ eV}$$

$$\lambda = 720(\text{nm})$$

根据计算结果，C$_{60}$/四氨基酞菁锌复合物（即自组装超分子体系）的理论特征峰出现在波长约 720 nm 处，并可能随测定溶剂体系的不同发生一定位移. 生成电荷转移复合物的电子吸收光谱会因电荷转移络合物（CTC）的组分相互作用的强弱而不同. 当作用力较强时，因电子给体和受体的 HOMO、LUMO 能级发生一定程度的交错，能级差减小，CTC 只要吸收较低能量的光子便能由基态跃迁至激发态，因此会在长波长处观察到 CTC 新的特征吸收峰；而作用力较弱时，由于体系中生成 CTC 浓度较小，且能级交错不明显，只能观察到原吸收峰加强加宽的现象，这种加强加宽现象主要有两个原因：(1) CTC 的生成增大了单分子的吸光截面积；(2) CTC 的生成降低了分子的对称性，使其偶极距增大，从而提高了电子的跃迁几率.

4.6.3　C$_{60}$/四氨基酞菁锌复合物的 I-V 特性

C$_{60}$/四氨基酞菁锌复合物在光照（250 W，经 $\lambda \geqslant 600$ nm 的滤色片）前后 I-V 特性的变化如图 4-16 所示. 由两曲线斜率的变化可间接反映薄膜光电导性能的好坏. 图中可以看出，C$_{60}$/四氨基酞菁锌复合物的 I-V 特性类似于一 pn 结，存在开启电流和开启电压. 光照后复合膜的光电导比光照前有所增加，但变化范围不大. 这一现象在单氨基酞菁锌-C$_{60}$ 复合物中也存在，且数据重复性较好，表明 C$_{60}$ 的加入只略微增大薄膜的光电导效应. 此现象

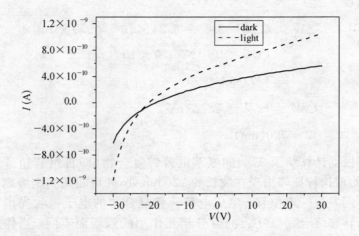

图 4 - 16 C_{60}/四氨基酞菁锌复合物的 I - V 特性

与多篇文献报道[54]的 C_{60}/金属酞菁多层膜和共蒸膜的光电导变化规律不相符. 本文在多次重复实验的基础上,排除了实验误差的可能性,认为上述现象的出现与成膜方式有关. 文献中讨论 C_{60}掺杂对光电导性能影响的样品几乎都用蒸镀的方法制膜,C_{60}与金属酞菁能进行近距离的轨道交盖,有利于分子间电荷转移络合物的生成. 而在本章讨论的实验中,由于 C_{60}与氨基酞菁(锌)各自溶解性的差别,复合物的制备是在甲苯和 DMF 的混合溶剂中进行的,受溶剂的阻挡,两者间不能充分接触,不利于电子的转移. 由第五章瞬态吸收光谱的分析可见,C_{60}与单氨基酞菁两者间主要发生三线态的能量传递而三线态电子转移不明显. 上述结果表明,在混合溶剂中,C_{60}与带取代基的酞菁之间不易形成高浓度的分子间电荷转移络合物. 同时发现由于中心金属离子的 d、f 轨道电子的存在,可提供较多的载流子,使单氨基酞菁锌单体和单氨基酞菁锌-C_{60}复合物的光电导都比相对应的单氨基酞菁-C_{60}和单氨基酞菁的光电导要大.

4.7 C$_{60}$/金属酞菁联聚甲基苯基硅烷超分子的合成和性能[101-104]

4.7.1 C$_{60}$/聚甲基苯基硅烷超分子的合成和性能

聚甲基苯基硅烷(PMPS)由于具有优良的成膜性和空穴传输性能而得到关注,其长链骨架完全由四配位的硅原子组成,载流子沿长链方向的传输非常有效,其空穴迁移率室温下约为 10^{-4} cm^2/(V·s). 尽管 PMPS 的空穴迁移率很高,但其光诱导载流子产率很低,单层结构的光电导性能不理想. 本节希望通过 C$_{60}$/聚甲基苯基硅烷超分子的合成有效提高其光电导效应.

4.7.1.1 实验过程

1. 聚甲基苯基硅烷(PMPS)的制备

聚甲基苯基硅烷是由二氯甲基苯基硅烷通过 Kipping 反应合成. 具体步骤为:往 300 ml 的三颈烧瓶中加入 80 ml 无水甲苯、4.14 g (0.18 mol)金属钠、1.056 g(0.004 mol)的 18-冠-6 醚. 在氮气保护下快速搅拌并加热反应物,使钠在苯中形成分散体系. 量取 13 ml 二氯甲基苯基硅烷,用 10 ml 甲苯将其稀释,逐滴加入烧瓶. 体系中迅速生成蓝紫色沉淀,待反应进行 1 h 后,将反应体系冷却至室温. 过滤混合物,把滤液缓慢倒入 240 ml 乙醇中,析出大量白色沉淀. 将混合物离心,用乙醇清洗沉淀,干燥后即得 PMPS.

2. 富勒烯化聚甲基苯基硅烷的制备

在单颈烧瓶中加入 25 ml 的硝基苯、36 mg C$_{60}$. C$_{60}$溶于硝基苯,溶液呈紫色,称量 125 mg 聚甲基苯基硅烷加入烧瓶,再加入 AlCl$_3$(催化剂),加搅拌子,进行搅拌. 反应进行 24 h 左右,产物溶液呈棕褐色. 在烧瓶内加入大量的蒸馏水,溶液分成上下两层,上层溶液倒入烧杯,在下层的溶液中加入 100 ml 的蒸馏水,加热至 110 ℃左右将其蒸馏. 溶剂蒸干后,得产物. 反应过程如图 4-17 所示.

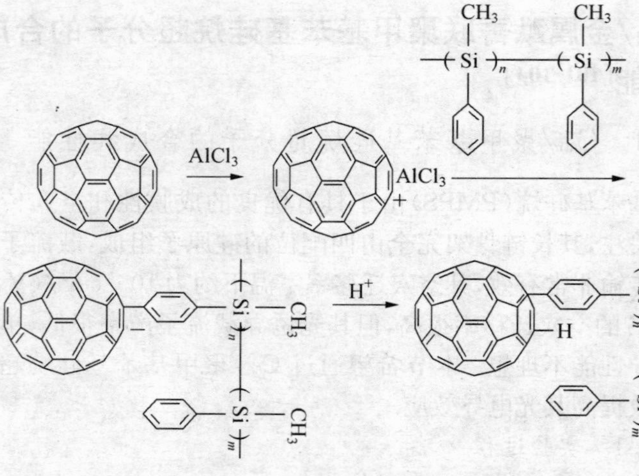

图 4 - 17   C$_{60}$ - PMPS 的制备反应

以 Varian Inova - 400 NMR 测定了衍生物的 H 质子核磁共振谱（^{1}HNMR），聚甲基苯基硅烷（PMPS）和富勒烯化聚甲基苯基硅烷（C$_{60}$ - linked PMPS）^{1}HNMR 谱的特征峰如表（4 - 1 和 4 - 2）. 经比较，富勒烯化聚甲基苯基硅烷除具有 PMPS 的特征峰外，于 $\delta = 3.9 \sim 4.3$ 出现新的宽峰. 参照文献[67]，C$_{60}$ 在 ^{1}HNMR 谱上无特征峰，而反应所得 C$_{60}$ 加成产物除于 $\delta = 7.4$ 左右出现苯环氢特征峰外，在 $\delta = 4.5$ 附近有一弱宽峰存在，对应于 C$_{60}$ - H. 据此本文推测，在催化剂 AlCl$_3$ 的作用下，C$_{60}$ 已与 PMPS 成功嫁接，^{1}HNMR 谱新的特征峰出现可能是与 C$_{60}$ 直接相连的 C - H 引起的.

表 4 - 1   PMPS 的氢质子核磁共振谱

$\delta(10^{-9})$	推测基团 Guessed group
0～0.7	Si - CH$_3$
6.9～7.8	benzene

表 4 - 2 C₆₀- PMPS 的氢质子核磁共振谱

$\delta(10^{-9})$	推测基团 Guessed group
0～0.4	Si－CH₃
3.9～4.3	C₆₀－H
6.8～7.8	benzene

4.7.1.2 C₆₀/聚甲基苯基硅烷超分子的光电性能

1. 紫外-可见光谱

PMPS、C₆₀/PMPS 共混体系、C₆₀- linked PMPS 和 C₆₀ 的紫外-可见光谱如图 4 - 18 所示,其特征峰位列于表 4 - 3. 由图可见,PMPS 于 237 nm 和 321 nm 出现硅烷骨架的特征吸收. 掺杂 C₆₀ 后,硅骨架特征峰分别位移至 314 nm 和 356 nm,并于 440～670 nm 出现新的吸收峰;经与 C₆₀ 的紫外-可见光谱(曲线 d)相比较,新吸收峰的出现对应于 C₆₀ 的特征吸收. 而 C₆₀ 掺杂后引起的硅骨架特征峰向长波方向移动可能与 PMPS 和 C₆₀ 之间形成的分子间电子转移络合物有关.

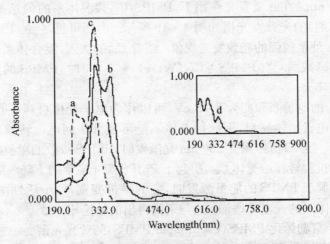

图 4 - 18 C₆₀/聚甲基苯基硅烷超分子体系的紫外-可见光谱

由图曲线 c 可见,富勒烯化 PMPS(C60‑linked PMPS)具有 C_{60} 的特征吸收峰,但峰位明显红移. 同时发现位于 340 nm C_{60} 的特征吸收峰宽化并向长波方向延伸,在 $350 \sim 620$ nm 出现新的宽吸收峰,与 C_{60} 其它衍生物的紫外‑可见光谱相似. 此现象的出现表明 C_{60} 已与 PMPS 嫁接,产物具有扩展的 π 体系对应于新的吸收峰.

表 4‑3 C_{60}/聚甲苯基硅烷超分子体系的紫外‑可见光谱特征值

样品 Samples	特征峰 Characteristic peaks(nm)
PMPS	237,321
C_{60} doped PMPS	226,314,356,440~670
C_{60}‑linked PMPS	228,310,350~620
C_{60}	210,265,340,440~670

2. 荧光光谱

a. PMPS/C_{60} 共混体系的荧光光谱

通过对 PMPS 和 C_{60} 的紫外‑可见光谱的分析,选择激发光波长 $\lambda = 280$ nm. 在此激发光作用下,PMPS/C_{60} 共混体系的荧光光谱(氯仿为溶剂)的光致发光谱如图 4‑19 所示. 由图可见,纯的 PMPS 在 360 nm 处呈较强的光致发光现象. 随着 C_{60} 的加入,混合体系的发光强度逐渐减弱. 当 PMPS∶C_{60}(Wt%) = 1∶1 时,PMPS 的发光几乎全被淬灭.

C_{60} 的电子亲和能为 2.65 eV,可以作为电子受体材料,而 PMPS 可作为电子给体材料,因此掺杂体系能形成分子间电荷转移络合物(CTC). 当 CTC 体系受 280 nm 光激发时,PMPS 吸收的激发能通过非辐射过程转移给受体 C_{60},引起了 PMPS 荧光强度的下降. 受体 C_{60} 受到来源于 PMPS 的能量激发时,它的导带变宽,电子活性增加,从而引起体系的光电导增加. 这与下面得出的结论相一致.

b. 富勒烯化 PMPS(C_{60}‑linked PMPS)的荧光光谱

富勒烯化 PMPS(C_{60}‑linked PMPS)的荧光光谱如图 4‑20 所

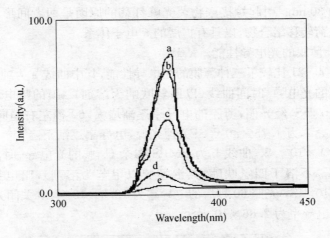

图 4-19 PMPS/C_{60}共混体系的荧光光谱

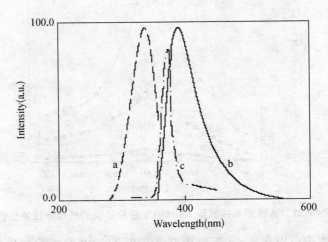

图 4-20 富勒烯化 PMPS(C_{60}- linked PMPS)的荧光光谱

示,其中曲线 a 为富勒烯化 PMPS 的激发光谱,曲线 b、c 分别为富勒烯化 PMPS 和 PMPS 的发射光谱. 根据激发光谱 a,选择 336 nm 为激发波长. C_{60}- linked PMPS 的发光峰位于 390 nm,与 PMPS 相比红移约 30 nm. 引起嫁接产物荧光峰红移的原因是两者间形成了分子内电荷转移络合物,以具有扩展的 π 电子体系.

3. 薄膜的光电导性能

图 4 - 21 比较了三种薄膜的光电导性能,其中曲线 a 为纯 PMPS 单层膜的光电导-时间曲线(以四氢呋喃为溶剂). 膜的暗电导率为 0.8×10^{-12} S,经光照,薄膜的电导率逐渐增大,60 秒左右趋向饱和,此时电导率为 1.75×10^{-12} S;关掉光源,电导率逐渐下降,60 秒后电导率为 1×10^{-12} S. 曲线 b 为 PMPS 掺杂 C_{60} 膜的光电导-时间曲线(由于 C_{60} 不溶于四氢呋喃,共混型膜以甲苯为溶剂),暗电导率为 2.24×10^{-12} S,光照 60 秒后的电导率为 12.5×10^{-12} S,关闭光源 60 秒后的电导率为 2.86×10^{-12} S.

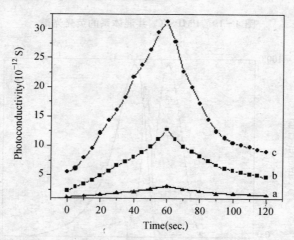

图 4 - 21 嫁接型和共混型 PMPS/C_{60} 超分子膜的光电导性能比较

从图中可以看出,共混型膜在光照时的光电导率的变化率大于 PMPS 单层膜的变化率. 本文认为膜在光照时,除了物质自身对电导率的改变有贡献外,在共混型膜中形成的电荷转移络合物对光电导率有较大的贡献. 电荷转移络合物(Charge Transfer Complex,CTC)的形成过程如图 4 - 22 所示.

$$\text{PMPS} + \text{C}_{60} \xrightarrow{\text{光激}\ \blacklozenge} \text{PMPS}^{\delta+} \cdots \text{C}_{60}^{\delta-} \xrightarrow{\ \blacklozenge\blacklozenge\ } \text{PMPS}^{\delta+} + \text{C}_{60}^{\delta-}$$

图 4 - 22   电荷转移络合物的形成过程

在光激发下,载流子可以在每种物质内部产生,但这些离解的载流子在到达电极前经各种弛豫通道成对复合而损失. 但在共混型膜中,由于这两种材料的得失电子能力不同,发生部分电荷转移,形成了 CTC. CTC 在电场的作用下发生解离,解离后的空穴或电子定向移动产生光电流. 由于高聚物与 C₆₀分子间光诱导的电子转移速率远大于其它复合机制,因此光诱导的载流子的量子产率很高,可大大提高复合膜的光电导性能. 关掉光源后,电子空穴对会由于重新结合而消失,导致载流子下降,光电流消失,电导率减低.

根据测试结果,C₆₀的加入使薄膜的电导性能明显提高,然而光照瞬间变化缓慢. 而由图 4 - 21 曲线 c 可见,嫁接型(C₆₀ - linked PMPS)衍生物,不仅可使薄膜的光电导性能有效提高,而且响应速度很快,在几秒内光电导增加近 6 倍.

对于嫁接型(C₆₀ - linked PMPS)衍生物具有良好的光电导性能的原因有待于进一步研究,本文给出了一种可能的机制:PMPS 的长链骨架完全由四配位的硅原子组成,载流子沿长链方向的传输非常有效,其空穴迁移率室温下约为 $10^{-4}\ \text{cm}^2/(\text{V}\cdot\text{s})$,这是目前已经观察到的高分子聚合物中的最大值. 尽管 PMPS 的空穴迁移率很高,但其光诱导载流子产率很低,光电导性能不好. 与 C₆₀相比,PMPS 主要体现给电子性能. 因此,在 PMPS 掺杂 C₆₀的体系中,可在 PMPS 和 C₆₀间形成分子间电荷转移络合物以增加产物的光电导性能. 然而,在共混膜中由于 C₆₀被 PMPS 包裹,产生的光生电子被空穴控制,难以形成自由载流子,因此共混膜的光电导效应没有预期的理想.

而嫁接型(C₆₀ - linked PMPS)衍生物优良的光电导性能与其分子内电子转移络合物的形成有关,由于在分子内部建立了电荷转移通道,因此载流子的迁移率有效提高. 根据电导率的公式:

$$\sigma = nq\mu \qquad\qquad (4-7)$$

式中 σ 代表体系的电导率，n 是体系中的载流子树，q 是载流子的荷电量，μ 表示载流子的迁移率. 体系中载流子的迁移率的提高将导致嫁接型(C_{60}- linked PMPS)衍生物薄膜优良的光电导性能和快速衰减过程.

4.7.2 C_{60}/金属酞菁联聚甲基苯基硅烷超分子的合成和性能

聚甲基苯基硅烷(PMPS)的空穴迁移率很高，但其光诱导载流子产率很低；而酞菁化合物恰恰相反，受光激发易产生光生载流子. 本节希望能将两者的优点组合在一起，合成具一定溶解性的金属酞菁联聚甲基苯基硅烷. 并选用 C_{60} 作为电子受体材料，形成 C_{60}/金属酞菁联聚甲基苯基硅烷超分子，测试体系的光电性能.

4.7.2.1 实验过程

以 4.7.1 的方法制备聚甲基苯基硅烷. 称取 PMPS 0.5 g、酰卤酞菁锌 1.5 g，溶于 20 ml 硝基苯，以无水三氯化铝为催化剂，室温反应 10 h. 滴加 1 ml 蒸馏水使反应终止，后处理，得所需产物金属酞菁联聚甲基苯基硅烷(Zn - ta - Pc - PMPS).

C_{60}/金属酞菁联聚甲基苯基硅烷超分子复合膜的制备方法：称取聚合物 Zn - ta - Pc - PMPS 0.1 g，溶于 10 ml 四氢呋喃(THF)中. 用旋转涂膜法将溶液涂在 ITO(Indium - Tin - Oxide)导电玻璃上，旋转速度为每分钟 4 000 转. 然后于 65℃ 下真空干燥 3 h，膜厚约为 1 μm. 再用真空蒸发镀膜法在其上面覆盖一层 C_{60}，蒸发的温度为 $\leqslant$ 450℃，真空度为 3×10^{-3} Pa，膜厚约为 0.2 μm. 以白光为光源，在 Static Honestmeter (TYPE S - 5109) 上测试复合膜的光电导性能. 紫外-可见光谱用 Hitachi 577 型光谱仪测试. 以 KBr 压片法，在 FT - IR PE - 1 600 型傅里叶变换红外光谱仪上测试红外光谱.

合成聚合物(Zn - taPc - PMPS)的反应可用图 4 - 23 表示：

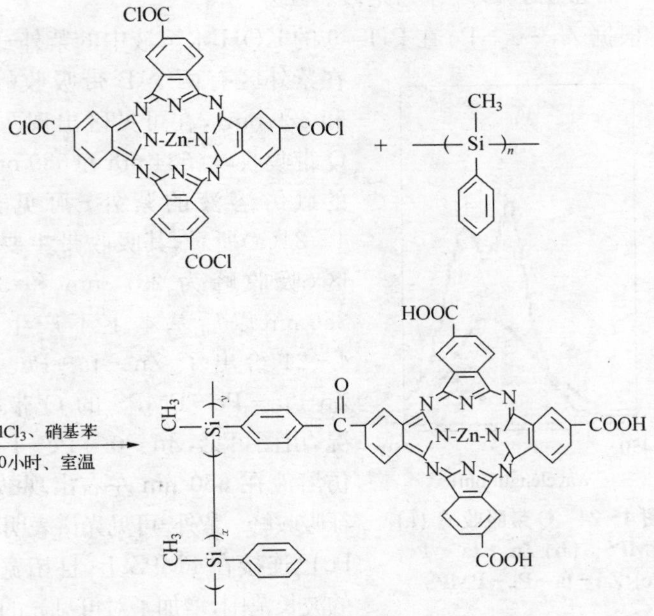

图 4 - 23   Zn - ta - Pc - PMPS 的制备反应

4.7.2.2 溶解性比较

将 Zn - ta - Pc 通过共价键连接在 PMPS 上后,溶解性能发生了变化. 从表 4 - 4 可知,聚合物的溶解性能和 Zn - ta - Pc 完全不同,但和 PMPS 类似. 主要原因是聚合物中酞菁环含量偏低(约 15 mol %),导致其溶解性受侧链上的酞菁环的影响较小,主要受主链结构的制约.

表 4 - 4   Zn - taPc、PMPS 和 polymer(Zn - taPc - PMPS)的溶解性比较

	甲酰胺	碱性水溶液	四氢呋喃	氯仿	甲苯
四羧基酞菁锌	溶解	易溶	不溶	不溶	不溶
聚甲基苯基硅烷	不溶	不溶	易溶	易溶	易溶
聚合物	不溶	不溶	溶解	溶解	不溶

4.7.2.3 紫外-可见光谱和红外光谱

根据 Zn‐ta‐Pc 在 PH＝9 的 KOH 水溶液中的紫外-可见光谱，在紫外区有两个 B 带吸收峰（242 nm 和 329 nm），在可见区出现两个典型的 Q 带吸收峰（634 nm 和 689 nm）. PMPS 的氯仿溶液的紫外‐可见光谱如图 4‐24(a)所示，其吸收带主要落在紫外区（吸收峰为 237 nm 和 321 nm），350 nm 以后基本上不产生吸收. 图 4‐24 给出了 Zn‐ta‐Pc、PMPS 和 Zn‐ta‐Pc‐PMPS 的 Q 带吸收峰情况，由图可见，Zn‐ta‐Pc‐PMPS 的氯仿溶液在 650 nm 左右出现酞菁环的特征吸收峰. 紫外-可见光谱表明，Zn‐ta‐Pc 已连接在 PMPS 上，且拓宽了光吸收的波长范围，增加了对可见光的灵敏度.

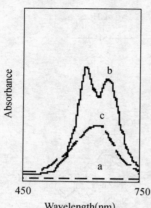

图 4‐24 Q 带吸收峰 (a) PMPS, (b) Zn‐ta‐Pc, (c) Zn‐ta‐Pc‐PMPS

Zn‐taPc‐PMPS 的红外光谱如图 4‐25 所示，在 1720 cm^{-1} 处

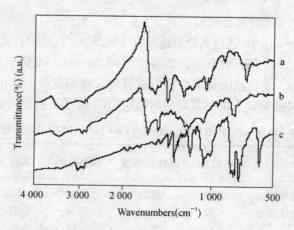

图 4‐25 Zn‐taPc、Polymer 和 PMPS 的红外光谱

出现羰基伸缩振动吸收峰,3447 cm^{-1}处的宽峰是羧基上 O—H 键的伸缩振动产生的. 由于受反应条件和反应空间位阻的影响,聚合物中只有 15 mol ％的苯环上连接上酞菁基团;即 Zn-ta-Pc-PMPS 中既有单取代苯环又有二取代苯环,故在 2 000~1 650 cm^{-1}处未显示出取代苯环上 C—H 面外弯曲倍频区的吸收峰. 而 PMPS 在该区域有明显的单取代苯环上 C—H 面外弯曲倍频区的吸收. 上述结果和紫外-可见光谱相一致,证实了酞菁环已通过共价键连接在 PMPS 上.

4.7.2.4　C$_{60}$/金属酞菁联聚甲基苯基硅烷超分子复合膜的光电导性质

将制备好的 C$_{60}$/金属酞菁联聚甲基苯基硅烷超分子复合膜在光导特性测试仪上测其性能,结果如图 4-26 所示. 以 Zn-taPc/C$_{60}$(曲线 a)两层膜,C$_{60}$单层膜(曲线 b)为光生层的光电导膜的光诱导放电曲线没有明显的拐点,而聚合物/C$_{60}$双层膜(曲线 c)的光诱导放电曲线呈明显的光电导特性.

根据表 4-5 的测试结果,表中 V_0 为充电电位,V_R 为残余电位,R_p 为光衰速率,ΔV_1(％)为光衰 1 秒后的百分比,$t_{1/2}$ 为半衰时间. 其中半衰时间 $t_{1/2}$ 指曝光开始后,电位衰减到曝光瞬时电位一半时所用的时间,其倒数 $t_{1/2}^{-1}$ 可作为光电导体的灵敏度的指标. 可以看出,C$_{60}$/金属酞菁联聚

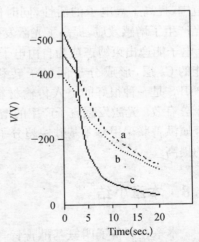

图 4-26　C$_{60}$/金属酞菁联聚甲基苯基硅烷超分子复合膜的光诱导放电曲线

甲基苯基硅烷超分子复合膜具有充电电位高(520 V),残余电位低(32 V),光衰速率大(268 V/s),半衰时间短(0.9 s)的优点,显示出较

优良的光电导性能.

表 4 - 5　样品光电导比较

	$V_0(V)$	$V_R(V)$	$R_p(V/s)$	$\Delta V_1(\%)$	$t_{1/2}(s)$	$t_{1/2}^{-1}(1/s)$
Zn - taPc/C_{60}	460	120	26	13.8	7.8	0.129
C_{60}	387	106	19.7	11.3	8.2	0.122
聚合物/C_{60}	520	30	268	59.6	0.9	1.11

本文认为 C_{60}/金属酞菁联聚甲基苯基硅烷超分子复合膜具有优良的光电导效应与以下原因有关:

从聚合物的结构可以看出,将 Zn - taPc 通过羰基($C=O$)连接在 PMPS 侧链苯环上后,形成了更大的共轭体系,加大了 π 电子的离域范围,提高了 π 电子的活性,同时使吸收带延伸到可见区,即对可见光产生了增感效应,提高了光激发效率与灵敏度. 光激发后有更多的 π 电子能逸出束缚态成为自由电子,自由电子迅速流向具有吸电子性能的 C_{60} 层,形成分子间电子转移络合物,同时留下更多的空穴. PMPS 是一种很好的空穴传输材料,空穴沿 PMPS 主链方向的迁移十分有效. 光激发载流子产率的增加和载流子迁移率的提高,使 C_{60}/金属酞菁联聚甲基苯基硅烷超分子复合膜的光电导性能得到了较大的提高.

4.8　本章小结

本章在制备了四氨基酞菁锌等多种酞菁衍生物的基础上,着重研究 C_{60}/酞菁分子间电荷转移络合的形成及光电性能的变化,主要得到如下结果:

1. 研究了四氨基酞菁锌与 C_{60} 混合物的紫外可见光吸收性能和光致发光性能,发现较低浓度掺杂的混合溶液中由于溶剂的隔离作用两种分子并没有发生基态下的电荷转移;C_{60} 对四氨基酞菁锌的荧光有淬灭作用,根据 Stern - Volmer 方程,当 C$_{60}$ 的掺杂浓度≤50 %,四氨基酞菁锌 与 C$_{60}$ 之间主要发生了激发态电荷转移作用.

2. 单氨基酞菁(锌)与 C$_{60}$ 复合物的紫外可见光吸收性能和荧光发光性能研究表明,C$_{60}$ 对单氨基酞菁(锌)的荧光有猝灭作用,C$_{60}$ 中多能级成为单氨基酞菁(锌)激发态的缺陷能级,酞菁的激发态电子转移到了 C$_{60}$ 的能级中,在单氨基酞菁(锌)与 C$_{60}$ 之间发生了电荷转移.

3. 对 C$_{60}$/酞菁共混和复合体系的光电性能研究表明,两者的荧光强度都随着 C$_{60}$ 的加入而变化,在混合物中 400～600 nm 和 650～800 nm 两波段的荧光强度均明显下降;在复合物中,仅在 650～800 nm 波段处的荧光强度显著下降,而位于 400～600 nm 处的荧光强度却明显增强,说明在上述两体系中均能形成分子间电子转移络合物,但络合物的浓度存在明显差别,400～600 nm 波段处荧光强度的增强与电子转移络合物的荧光发射有关. 在混合溶剂中以溶液法制备的薄膜未体现理想的光电导效应.

4. 讨论了 C$_{60}$/聚甲基苯基硅烷超分子体系的光电性能,C$_{60}$ 对聚甲基苯基硅烷的荧光具猝灭作用,两者间能形成分子间电荷转移络合物;嫁接型(C$_{60}$- linked PMPS)衍生物由于形成了分子内电荷转移络合物,紫外-可见吸收光谱的特征峰和荧光发射峰明显红移,嫁接型衍生物具有良好的光电导性能. 对上述现象进行了理论分析.

5. 将聚甲基苯基硅烷(PMPS)和酞菁化合物优点组合,合成具一定溶解性的金属酞菁联聚甲基苯基硅烷. 并选用 C$_{60}$ 作为电子受体材料,形成 C$_{60}$/金属酞菁联聚甲基苯基硅烷超分子. 光诱导放电曲线测试表明,此体系的光电导性能进一步提高.

第五章　C₆₀衍生物-酞菁超分子
体系的研制与光电性能

随着对电子转移反应的研究深入,其体系也越来越复杂. 在电子转移反应的研究过程中,人们总是希望实现高效的光诱导电子转移,然而在溶液中进行的光诱导电子转移的电荷分离量子产率都非常低,大部分被吸收光子没有得到利用. 图 5-1 显示了光诱导电子转移的基本过程.

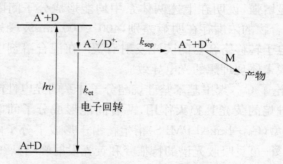

图 5-1　光诱导电子转移的基本过程

从光诱导电子转移过程的示意图可知,受激分子 A(电子受体)与另一反应底物分子 D(电子给体)相互作用形成离子自由基对($A^{-\cdot}/D^{+\cdot}$),离子自由基对($A^{-\cdot}/D^{+\cdot}$)可以分离成自由的正负离子($A^{-\cdot}+D^{+\cdot}$),进而与反应物(M)作用形成反应产物. 与该过程相竞争的是离子自由基对($A^{-\cdot}/D^{+\cdot}$)发生电子回转回到基态的 A 和 D,而无任何新产物生成,浪费了光能,这是导致许多光诱导电子转移体系中量子产率不高的主要原因. 如何抑制电子回转过程是光诱导电子转移研究中的一个重要问题.

目前研究表明,可以抑制电子回转的体系主要有两大类:共价键连接的超分子体系和有序分子组装体.

光合作用中心的各功能分子的排列是高度有序的,这种分子水平上的有序定向排列保证了光诱导电子转移的单向性,进而获得高效光合作用. 在这一观点的启发下,合成空间有序的以共价键相连的多元化合物成为提高光诱导电子转移反应效率的有效手段. 近几年,由 C$_{60}$ 与卟啉组成的超分子体系引起特别关注[105-108]. 这些体系往往由 C$_{60}$ 衍生物与卟啉通过在溶液中共扩散或可逆成键而组成. 键的种类包括:分子间诱导 π-π 键作用、静电吸引、氢键、基于 N 元素的 C$_{60}$ 配位体与卟啉中心金属元素形成轴向配位. 而通过上述成键过程得到的自组装超分子体系往往具有较快的电子回转过程. 酞菁具有与卟啉相类似的平面环状大 π 体系,且在可见-红外区域有特征吸收,能否利用上述观点构筑部分嫁接型 C$_{60}$ 衍生物-酞菁超分子体系以降低电子回转过程[114]、提高光诱导电子转移反应效率是本章的研究重点.

5.1 C$_{60}$-硝基衍生物/四氨基酞菁锌自组装超分子体系的光电性能

5.1.1 实验过程

以 UV-756MC 紫外分光光度计测试共混样品的紫外-可见吸收光谱,石英比色皿的光径为 1 cm. 光谱滴定的测量方法是:配制一定浓度的四氨基酞菁锌溶液(浓度约 10^{-6} mol/L,溶剂为 DMF),向总体积约为 3 ml 的石英池中加入 2 ml 上述溶液,并逐渐滴加少量浓度为 10^{-4} mol/L 的 C$_{60}$-硝基衍生物溶液(每次滴加 0.025 ml),记录其紫外吸收光谱. 在该实验中,稀释效应可不予考虑.

Job's 光度滴定法的为:将待测溶液的体积恒定为 2 ml,其中四氨基酞菁锌与 C$_{60}$-硝基衍生物的总摩尔浓度保持为 10^{-6} mol/L,改变 C$_{60}$-硝基衍生物或四氨基酞菁锌在该体系中所占的摩尔浓度的比例,测得系列光谱.

5.1.2 紫外-可见光谱

C_{60}-硝基衍生物/四氨基酞菁锌自组装超分子体系及母体分子的
紫外-可见光谱如图 5-2 所示. 图中曲线 a 为纯 Zn-taPc 的紫外-可

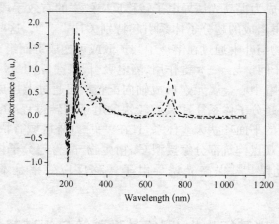

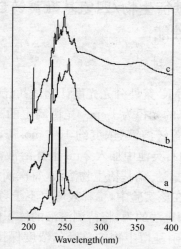

图 5-2 C_{60}-NO$_2$/4NH$_2$-PcZn 自组装超分子体系的紫外-可见光谱

a：纯 4NH$_2$-PcZn, b：C_{60}-硝基衍生物，c：自组装超分子体系

见光谱,曲线 b 对应于 C$_{60}$-硝基衍生物的紫外-可见吸收,曲线 c 为自组装超分子体系的紫外-可见光谱,所用溶剂均为 DMF. 同样,曲线 a 在 354 nm 处出现的 B 带吸收峰,是由基态 S$_0$ 跃迁到 S$_2$ 态引起的. 此外,在紫外区的 231 nm 、241 nm 和 252 nm 处还有三个吸收峰,说明还存在更高的电子激发态. 可见区出现两个典型的酞菁类化合物的 Q 带吸收峰(640 nm 和 715 nm),是由基态 S$_0$ 跃迁到 S$_1$ 电子激发态引起的. 在 Q 吸收带中波长较短的峰对应的是二聚体的吸收峰,波长较长的峰对应的是单体的吸收峰. 从曲线 a 可见,二聚体的吸收峰(640 nm)强度与单聚体的吸收峰(715 nm)相差较大,说明四氨基酞菁锌在 DMF 溶液中主要以单聚体形式存在. 此外,—NH$_2$ 取代酞菁在 440~550 nm 间还出现一个很宽的电荷转移吸收特征峰. 由曲线 c 可见,C$_{60}$-硝基衍生物的加入,引起 Q 带吸收峰强度明显下降,719 nm 处的吸收峰红移 5 nm;而 B 带主吸收峰的峰型明显变化,各吸收峰的相对强度发生改变,并于 247 nm 附近出现新的最强吸收峰. 由图可见,C$_{60}$-硝基衍生物/酞菁自组装超分子体系的紫外-可见光谱并不是母体分子吸收光谱的简单叠加.

表 5 - 1　C$_{60}$ - NO$_2$/4NH$_2$ - PcZn 自组装超分子体系的紫外-可见光谱特征峰

4NH$_2$ - PcZn	231(s), 233, 239, 241(s), 250, 252(s), 262, 300, 354, 640, 715
C$_{60}$ - NO$_2$	231(s), 235, 239, 240(s), 249, 254(s), 257, 259, 261
自组装超分子	234(s), 238(s), 242, 247(s), 252, 261, 352, 640, 719

5.1.3　C$_{60}$-硝基衍生物/四氨基酞菁锌自组装超分子体系的形成及组成

通过比较两种化合物单分子的吸收光谱与它们的混合溶液的吸收光谱,可以判断两种分子之间能否形成超分子结构[109-110]. 图 5 - 3 给出了四氨基酞菁锌在 DMF 溶液中依次滴加 C$_{60}$-硝基衍生物的吸

收光谱的变化曲线. 从图中可以看出, 随着 C_{60}-硝基衍生物的浓度的
增加, 四氨基酞菁锌对应的 B 带和 Q 带的吸收强度逐渐减小, 这是由
于四氨基酞菁锌与 C_{60}-硝基衍生物靠氢键和轴向配位作用形成超分
子体系, 使酞菁环上的电子云密度降低所致. 在四氨基酞菁锌的光谱
演变图中, 在 $\lambda = 320$ nm 处有一尖锐的等吸收点. 混合溶液的吸收
光谱不同于两种反应物吸收光谱的加和, 吸收峰的强度、位置的改变
和等吸收点的出现表明溶液中的 C_{60}-硝基衍生物与酞菁形成了超分
子结构, 超分子与 C_{60}-硝基衍生物、酞菁之间存在着一个动态平衡
过程.

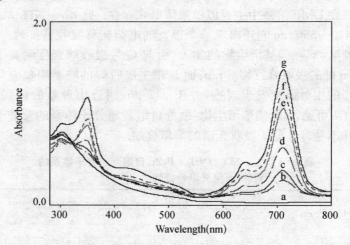

图 5-3　C_{60}-硝基衍生物/四氨基酞菁锌共混体系吸收光谱

C_{60}-NO_2：$4NH_2$-PcZn$=1$：$0(a)$；3：$1(b)$；2：$1(c)$；
1：$1(d)$；1：$2(e)$；1：$3(f)$；0：$1(g)$

　　四氨基酞菁锌与 C_{60}-硝基衍生物形成稳定的超分子化合物也可
由 Job's 图来进一步证实. Job's 图依照下面的公式进行绘制:

$$\Delta A = A_x - \varepsilon_p c x - \varepsilon_w c (1-x) \qquad (5-1)$$

式中: A_x 为不同比例溶液在一固定波长下的吸光度, c 为四氨基

酞菁锌与 C_{60}-硝基衍生物摩尔浓度之和,x 为四氨基酞菁锌所占的摩尔浓度的比例,ε_p 和 ε_w 分别为四氨基酞菁锌与 C_{60}-硝基衍生物在给定波长下的摩尔吸收率. 由此,ΔA 即为测得的溶液的吸光度与未相互作用的四氨基酞菁锌与 C_{60}-硝基衍生物的吸光度加和的差值. 以 ΔA 对 x 作图,所得曲线的最低点或最高点(即变化最大的点)对应的 $x/(1-x)$ 的比值即代表在溶液中形成的相对稳定的超分子化合物中两物种的物质的量之比. 图 5-4 给出了四氨基酞菁锌与 C_{60}-硝基衍生物在 DMF 溶液中于 354 nm 处的 Job's 图. 结果表明:在 1∶1 和 3∶1 的化学计量点时,有一个最大的吸光度的差值,说明四氨基酞菁锌与 C_{60}-硝基衍生物靠氢键和轴向配位作用在 DMF 溶液中形成 1∶1 和 3∶1 的超分子化合物.

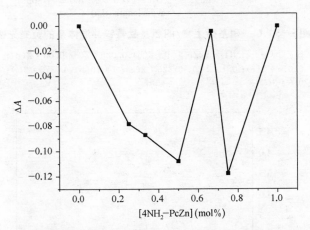

图 5-4 四氨基酞菁锌与 C_{60}-硝基衍生物在 DMF 溶液中的 Job's 图

5.1.4 荧光光谱

图 5-5 讨论了 C_{60}-NO_2(0.1 g/L)掺杂对四氨基酞菁锌(0.05 g/L)荧光光谱的影响(根据图 5-3 四氨基酞菁锌的紫外光谱,选择激发波长 $\lambda = 340$ nm). 图 5-7 讨论了不同配比的 C_{60}-NO_2/四氨基酞菁锌

自组装超分子体系的荧光光谱(激发波长 λ＝310 nm).

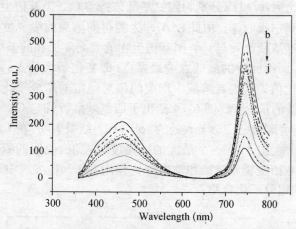

图5-5 C₆₀-硝基衍生物/四氨基酞菁锌共混体系的荧光光谱

$C_{60}-NO_2$ ： $4NH_2-PcZn = 0$：$2(b)$；0.025：$2(c)$；0.05：$2(d)$；
0.075：$2(e)$；0.1：$2(f)$；0.125：$2(g)$；1：$10(h)$；0.375：$2(i)$；
0.5：$2(j)$

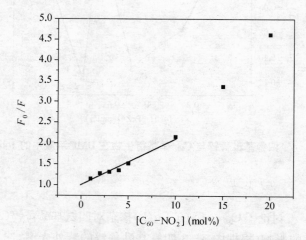

**图 5-6 C₆₀-硝基衍生物/四氨基酞菁锌共混体系的
F_0/F 和[C₆₀-NO₂]关系(1)**

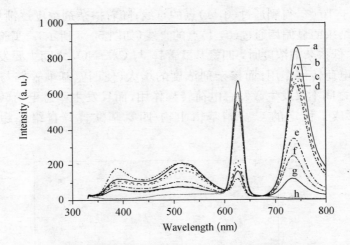

图 5-7 C$_{60}$-硝基衍生物/四氨基酞菁锌自组装超分子体系的荧光光谱

a) 0∶2;b) 1∶10;c) 1∶5;d) 1∶2;e) 1∶1;f) 2∶1;g) 3∶1;h) 2∶0

由图 5-5 可见,四氨基酞菁锌的 DMF 溶液在 460 nm 附近出现宽发射峰,在 745 nm 附近出现尖锐的发射峰. 与之相比,当激发波长 λ=310 nm 时,图 5-7 中四氨基酞菁锌的 DMF 溶液位于 460 nm 附近的发射峰分裂为 390 nm 和 537 nm 两个宽发射峰,而位于 745 nm 附近尖锐的特征发射峰位不受激发波长的影响(其中位于 620 nm 的尖峰对应于激发峰的倍频峰).

保持四氨基酞菁锌的浓度不变,在上述体系中滴加 C$_{60}$-NO$_2$ 的 DMF 溶液,发现随着 C$_{60}$-NO$_2$ 含量的增加溶液的荧光强度连续下降. 同时发现,不同配比 C$_{60}$-NO$_2$/四氨基酞菁锌自组装超分子体系的荧光强度也随着 C$_{60}$-NO$_2$ 含量的增加而连续下降. 本文认为引起四氨基酞菁锌荧光强度下降的主要因素也来源于 C$_{60}$-NO$_2$ 与四氨基酞菁锌形成的电荷转移络合物. 电荷转移络合物的形成导致四氨基酞菁锌的荧光强度降低,即发生了荧光淬灭效应.

实验中,测得不同 C$_{60}$-NO$_2$ 浓度时的 744 nm 处的发射峰强度,得到 $F_0/F \sim$ [C$_{60}$-NO$_2$]的关系. 由图 5-6 可见,当掺杂剂浓度小于等于 10 ％,得到通过(0,1)点的直线;随着掺杂剂浓度逐渐增大,所得结果明显偏离通过(0,1)点的直线(如图 5-8 所示). 实验结果表明,低掺杂剂浓度时,四氨基酞菁锌 与 $C_{60}-NO_2$ 之间主要发生激发态电荷转移作用;而掺杂剂浓度的增大,使四氨基酞菁锌与 $C_{60}-NO_2$ 之间不仅发生激发态电荷转移作用,而且发生基态电荷转移作用,形成了稳定的 C_{60}-硝基衍生物/四氨基酞菁锌自组装超分子体系.

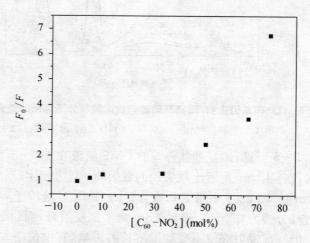

图 5-8 C_{60}-硝基衍生物/四氨基酞菁锌自组装超分子
体系的 F_0/F 和[$C_{60}-NO_2$]关系(2)

5.2 部分嫁接型 C_{60} 衍生物-酞菁超分子体系的光电性能

5.2.1 实验过程

将 C_{60}-硝基衍生物与四氨基酞菁锌以质量比 1∶1 混合,DMF 为溶剂,NaOH 为催化剂,在 55℃ 的油浴中加热搅拌 24 h 以上得到部分嫁接型 C_{60}-硝基衍生物/四氨基酞菁锌超分子体系(简称为部分嫁接型超分子体系),测试其质谱、紫外可见光吸收光谱、荧光性能和循环伏安特性,并与相对应的混合物光谱性能比较.

在部分嫁接型 C$_{60}$-硝基衍生物/四氨基酞菁锌超分子化合物的 DMF 饱和溶液中加入适量聚乙烯醇缩丁醛或四氨基酞菁锌-环氧衍生物作为成膜剂,用旋涂法把超分子化合物溶液涂覆在ITO 导电玻璃上,在真空干燥箱中烘干得到部分嫁接型 C$_{60}$-硝基衍生物/四氨基酞菁锌超分子化合物薄膜,以微电流计测试薄膜的伏安特性.

5.2.2　质谱

以 Finigan4510 型 GC-MS 联用仪测定衍生物的质谱,如图 5-9 所示.据此本文推测,衍生物体系为部分嫁接型 C$_{60}$衍生物-四氨基酞菁锌超分子体系.

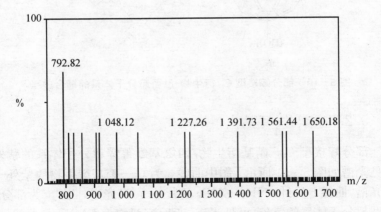

图 5-9　部分嫁接型 C$_{60}$-硝基衍生物/四氨基酞菁锌超分子化合物的质谱

根据参考文献[77],C$_{60}$-硝基衍生物易发生亲核取代反应,其硝基取代基作为良好的离去基团能被各种亲核试剂取代,当与亲核性试剂四氨基酞菁锌反应时,其可能的键合过程如图 5-10 所示:

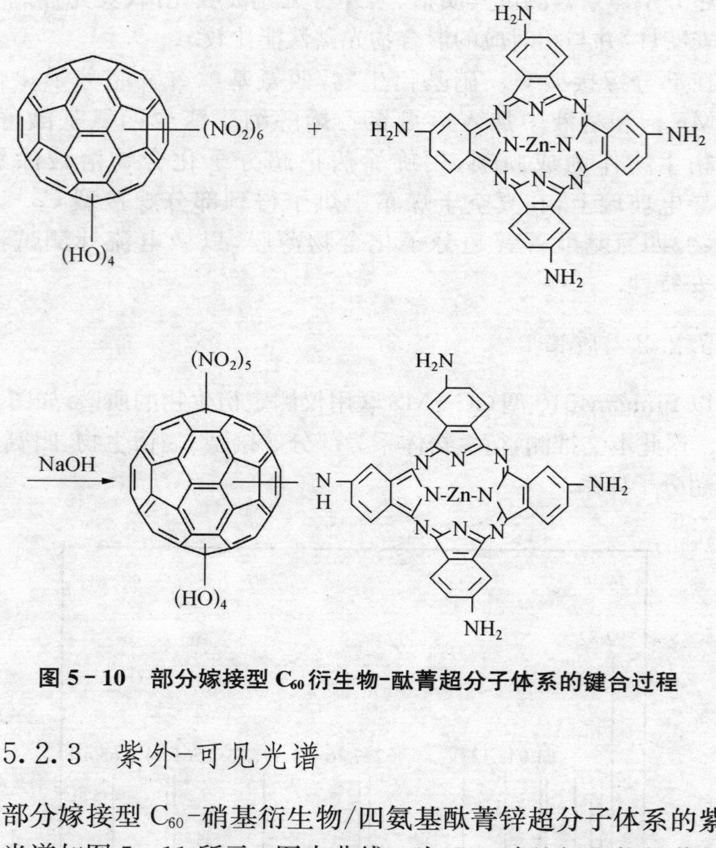

图 5－10　部分嫁接型 C_{60} 衍生物-酞菁超分子体系的键合过程

5.2.3　紫外-可见光谱

　　部分嫁接型 C_{60}-硝基衍生物/四氨基酞菁锌超分子体系的紫外-可见光谱如图 5－11 所示. 图中曲线 a 为 C_{60}-硝基衍生物的紫外-可见光谱,曲线 b 为纯 $4NH_2$－ZnPc 的紫外-可见光谱,曲线 c 为部分嫁接型超分子体系的紫外-可见光谱,所用溶剂均为 DMF. 与曲线 a、b相比,曲线 c 位于 B 带的两主吸收峰的相对强度发生变化,处于短波长处的吸收峰受 C_{60}-硝基衍生物的影响,强度增加,且两吸收峰的位置明显红移;Q 带吸收峰强度显著下降,715 nm 处的吸收峰红移15 nm 并明显加宽. 结合部分嫁接型超分子体系的瞬态吸收光谱,发现产物 Q 带发生裂分,于 740 nm 附近出现新的吸收峰. 根据参考文献[48],Q带发生裂分与嫁接型超分子结构形成后引起的产物对称性降低有关,此信息是嫁接型产物形成的重要标志,与质谱信息相吻合.

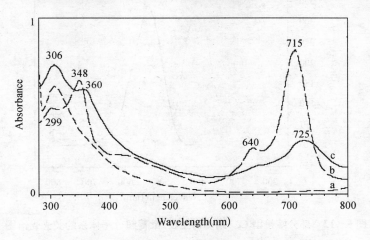

图 5 - 11 部分嫁接型超分子体系的紫外-可见光谱

(a) C_{60}-硝基衍生物,(b) 纯 $4NH_2$ - ZnPc,(c) 部分嫁接型超分子体系

5.2.4 荧光光谱

部分嫁接型 C_{60}-硝基衍生物/四氨基酞菁锌超分子体系的荧光光谱如图 5 - 12 所示.图中曲线 a 为产物的激发光谱,曲线 b 为发射光谱,溶剂为 DMF. 根据激发光谱,选择激发波长为 395 nm. 由图可见,部分嫁接型产物于 537 nm 呈现强荧光发射效应,但在 740 nm 附近没有发现酞菁锌的典型发射峰.本文分析此现象的出现与以下因素有关:部分嫁接型超分子体系中存在 C_{60}-硝基衍生物和四氨基酞菁锌之间的自组装过程;部分嫁接型产物中,HOMO - LUMO 跃迁向长波方向移动.

5.2.5 I - V 特性

在 ITO 导电玻璃上用提升法制备部分嫁接型超分子体系和聚乙

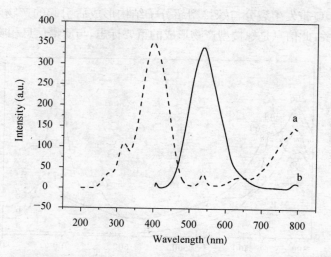

图 5-12　部分嫁接型 C_{60}-硝基衍生物/酞菁超分子体系的荧光光谱图

（a）激发光谱，（b）发射光谱

烯醇缩丁醛的共混膜，以 DMF 为溶剂，真空 80℃ 处理 2 h，分别测试了黑暗和光照（窗口玻璃 λ ≥ 600 nm，光透过率为 35％；250 W 光源）条件下，超分子共混膜的 I-V 特性曲线，并与四氨基酞菁锌和聚乙烯醇缩丁醛的共混膜相比较，结果如图 5-13 所示．由图可见，无论在黑暗还是光照情况，含部分嫁接型的样品的电流、电压均呈现较好的线性关系，且电流随电压的增加而增大，说明电压的增加有利于载流子对的分离．但在黑暗情况下，正、反向电流随电压变化较小；在光照情况下，正、反向电流均明显增加，由此表明在光照条件下体系的多数载流子明显增加．与母体四氨基酞菁锌相比，部分嫁接型超分子的加入使样品的光电流有效增加，其中 C_{60}-NO_2：$4NH_2$-PcZn(mol) ＝ 1：1 和 1：3 的样品体现较大的变化趋势，此变化规律与 Job 图的结果相符合．从样品的 I-V 曲线可推测，含部分嫁接型 C_{60}-硝基衍生物/四氨基酞菁锌超分子的体系具有优良的光电导效应．

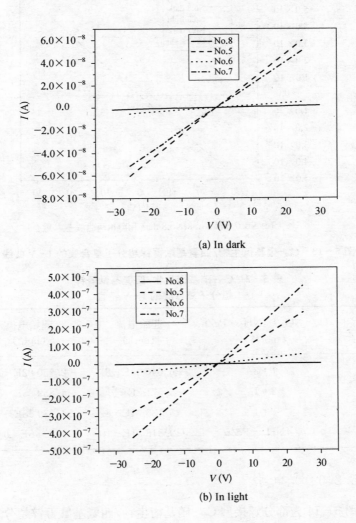

(a) In dark

(b) In light

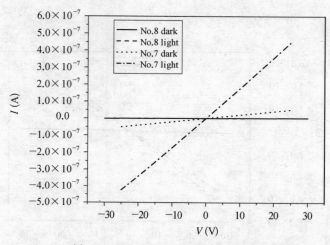

(c) No. 7 and No. 8(No.8 dark和light两曲线基本重合)

图 5 - 13 C₆₀-硝基衍生物/四氨基酞菁锌超分子复合膜的 I - V 曲线

表 5 - 2 C₆₀-硝基衍生物/四氨基酞菁锌
超分子复合膜的 I - V 特性

样品代号	$C_{60} - NO_2$：$4NH_2 - PcZn$（mol%）	起始电流（dark）	起始电流（light）
5	1：3	−6.040 02E − 8	−2.750 82E − 7
6	2：1	−5.571 2E − 9	−4.859 85E − 8
7	1：1	−5.135 74E − 8	−4.239 58E − 7
8	纯 $4NH_2 - PcZn$	−9.318 51E − 10	−1.334 5E − 9

5.2.6 光电导

图 5 - 14 为部分嫁接型 C_{60}-硝基衍生物/四氨基酞菁锌超分子体系(摩尔比 1：1)与聚乙烯醇缩丁醛共混膜室温光电导和暗电导回复曲线,所加电压为 10 V. 曲线 a 的暗电导为 2.07 E - 9 S, 光照瞬间,

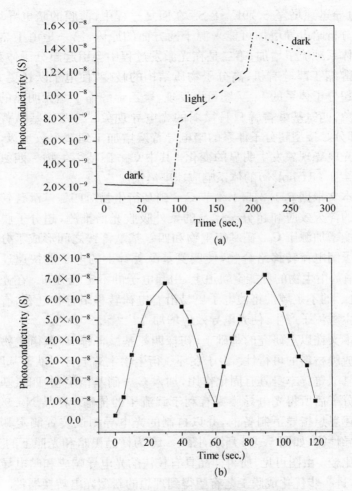

图 5 - 14 C$_{60}$-硝基衍生物/四氨基酞菁锌超分子
体系(No. 7)的光电导及回复

(a) 250 W 光源,经 λ≥600 nm 的滤色片;(b) 250 W 光源

电导迅速增至 7.86E - 9 S 并继续增加到 1.54E - 8 S. 在回复过程中,薄膜的暗电导明显增加. 曲线 b 的暗电导为 3.14E - 9 S,光照瞬

间,电导迅速增至 6.79E−8 S. 在回复过程中,薄膜的暗电导增加. 本文分析暗电导增加可能来源于两方面的原因:第一是由于热激发引起体系载流子增加;第二是在光激发过程中会引起超分子体系、聚乙烯醇缩丁醛等有机、高分子物质结构的歧变,使电子跃迁更方便. 结合超分子体系的 I−V 图可以发现,聚乙烯醇缩丁醛无明显的光电导现象,四氨基酞菁锌只具微弱的光电导现象. 与四氨基酞菁锌相比,部分嫁接型超分子体系的暗电导普遍增加 1 到 2 个数量级,且体系的光电导现象发生明显的变化,其中 C_{60}-硝基衍生物:四氨基酞菁锌 = 1:1(mol%)的体系响应速度最快.

本文根据 5.1.3、5.1.4 节 C_{60}-硝基衍生物对四氨基酞菁锌光致发光的淬灭效应和超分子体系的紫外吸收光谱推测,超分子膜光电导性能增加源于 C_{60}-硝基衍生物和四氨基酞菁锌之间形成了分子内和分子间电荷转移络合物,使四氨基酞菁锌上的电子能快速迁移到 C_{60}-硝基衍生物的低能空轨道上,引起电子的不定域分布. 在光作用下,电子的不定域性将使电子更易沿着电荷转移络合物迁移,有较多的光生载流子产生,使光电导效应增加[94,111,112].

本文在以上研究的基础上,初探四氨基酞菁锌-环氧衍生物作为新的成膜材料的可行性. 由于在环氧衍生物主链上含有酞菁基团,且四氨基酞菁锌本身具有固化作用,加入 C_{60}-硝基衍生物/四氨基酞菁锌超分子后所得光电导膜更有利于载流子的传输. 样品 No.9 就是在上述思想指导下制备的,并以自制的光电导测试装置测定其室温光电导性能,如图 5−15 所示,图 5−16 为样品黑暗和光照下的 I−V 特性比较. 由图可见,所得样品具有较快的光电导响应和暗电导衰减过程,进一步优化成膜工艺有望得到理想的新型光电转换器件.

5.2.7 表面光电压谱-光谱响应

以 N991Ch 光电探测器光谱灵敏度测试仪(标准 A 光源)测试 No.9 样品的表面光电压谱-光谱响应情况,如图 5−17 所示. 从图中可以发现,样品表面光电压谱的光谱响应范围与其光吸收范围基本

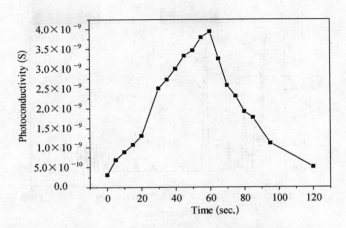

**图 5 - 15 C₆₀-硝基衍生物/四氨基酞菁锌超分子体系
(No. 9)的光电导-时间曲线**

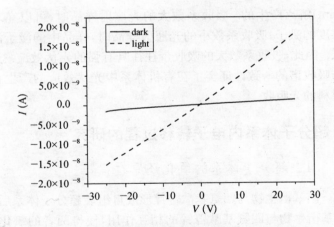

**图 5 - 16 C₆₀-硝基衍生物/四氨基酞菁锌超分子体系
(No. 9)的 $I - V$ 曲线**

一致(表面光电压谱相对于吸收谱略有红移),表明有机材料的光伏
效应受照射光吸收情况的影响. 根据参考文献[113],光伏效应是由
于在表面层或截面产生的激子或迁移到这一层内的激子(迁移范围

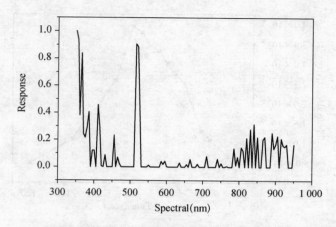

图 5 - 17   C₆₀-硝基衍生物/四氨基酞菁锌超分子体系(No. 9)的
表面光电压谱-光谱响应曲线

约 10 nm)解离产生的. 吸收系数大的光照射样品时,可以在表层产
生高浓度的激子;吸收系数小的光照射样品时,样品中的激子浓度相
对较低. 因此,吸收系数大的吸收带往往具有强的光伏效应. 光伏作
用谱与吸收谱的一致性证实了在有机体系中光伏效应的产生首先取
决于材料的光吸收.

5.3   超分子体系内电子转移过程的研究

5.3.1   超分子体系的氧化还原过程

C₆₀-硝基衍生物与四氨基酞菁锌形成自组装超分子体系后,由于
C₆₀-硝基衍生物与四氨基酞菁锌的相互作用,使得两者的氧化-还原
难易程度发生了变化. 图 5 - 18 以循环伏安(CV)法研究了超分子体
系在 DMF 溶液中的氧化还原性质随反应时间的变化(曲线 b 为 1 h,
曲线 c 为 24 h),并与 C₆₀-硝基衍生物、四氨基酞菁锌的 CV 曲线进行
比较. 由表 2 - 3 数据已知,C₆₀-硝基衍生物的第一还原半波电位较之
C₆₀母体相比正移 150 mV,说明 C₆₀-硝基衍生物比 C₆₀母体具有更强

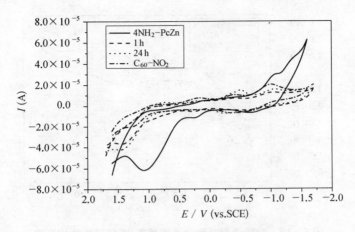

图 5 - 18　超分子体系的循环伏安特性

的接受电子能力,还原性优于 C$_{60}$ 母体.

　　与 C$_{60}$-硝基衍生物相比,C$_{60}$-硝基衍生物与四氨基酞菁锌自组装超分子体系的第一个还原峰由共混前的 -0.37 V 左右正移到 -0.34 V,表明自组装体系中的 C$_{60}$-硝基衍生物较单独存在时更易还原;而四氨基酞菁锌与组装前的母体四氨基酞菁锌相比第一个还原峰峰位无明显变化,第二还原峰未出现,说明自组装超分子体系中的四氨基酞菁锌负离子进一步还原更加困难. 对 24 h 反应产物研究发现,位于 -0.34 V 的还原峰已不明显,但于 -0.51 V 附近出现新的还原峰,且得失电子过程明显,相应峰电流较大,推测此对氧化-还原峰的出现与部分嫁接型超分子结构的形成有关. 部分嫁接型超分子体系中的四氨基酞菁锌与母体四氨基酞菁锌相比,第一氧化峰的起峰位置由键合前的 0.39 V 正移到 0.95 V. 24 h 反应产物氧化峰和还原峰的峰电流比随扫描速度稍有变化(见图 5 - 19),但比值接近 1,峰位差的改变值小于 50 mV,因此,可以认为部分嫁接型超分子体系在 DMF 中的氧化-还原反应是可逆的电极过程. 电化学研究表明,由分子内电子传递引起的相应峰电流越大,说明单位时间内电子由

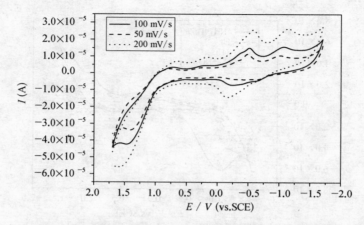

图 5 - 19 扫描速率对超分子体系氧化-还原性能的影响

四氨基酞菁锌向 C_{60} - NO_2 衍生物传递的速度快,生成的超分子化合物量越多.

5.3.2 C_{60}-硝基衍生物/四氨基酞菁锌超分子体系成键能的理论计算

金属酞菁有较强的给电子能力,根据 3.1.4 节的计算,四氨基酞菁锌的电离势为 5.13 eV;C_{60}-硝基衍生物是较好的电子受体,有大的电子亲合势(3.45 eV). 根据电子给受体复合物的 Mulliken 理论可以推算 C_{60}-硝基衍生物/四氨基酞菁锌超分子体系成键能[98]:

$$\Delta W = h\frac{c}{\lambda} = I_p(D) - E_a(A) + \frac{-e^2}{r_0} + W_r - W_c \quad (5-2)$$

已知式中 ΔW 为反应过程中形成电子-空穴对需要的能量,$I_p(D)$ 为给电子体的电离能,$E_a(A)$ 为受电子体的电子亲合能,r_0 为束缚态电子-空穴对的平衡距离,W_r 为 A 与 D 接近发生反应时的回弹能,W_c 为 A 与 D 组成共价键须达到的稳定化. 由于超分子体系中四氨基酞菁锌(D)与 C_{60}-硝基衍生物(A)的作用即包含电子给受体之

间以 π-π 轨道重叠而形成的电荷转移复合物,又具有明显的成键作用,其中以电荷转移复合物提供的能量可忽略不计,因此 W_r-W_c 所具的能量主要由成键作用提供. 根据超分子体系的稳态和瞬态吸收光谱,C_{60}-硝基衍生物/四氨基酞菁锌超分子体系吸收光谱于740 nm 附近出现特征吸收波长,因此,超分子体系的成键能可根据下式求出:

$$\Delta W = 5.13 - 3.45 - 6.24 \times 10^{18} \times 9.0 \times 10^9 \times$$

$$(1.6 \times 10^{-19})^2 / 1.9 \times 10^{-9} + W_r - W_c$$

$$\Delta W = hc/\lambda$$

$$\lambda = 740(nm)$$

得:$W_r - W_c \approx 0.753$ eV

5.3.3 超分子体系内电子传递过程自由能(ΔG_0)变化

在溶液体系中,光致电子转移反应的自由能变化可以由 Rehm-Weller 公式求出[111-112]:

$$\Delta G_0 = E(D/D^+) - E(A^-/A) - E_{00} - C \qquad (5-3)$$

对于本文研究的超分子体系,$E(D/D^+)$ 为四氨基酞菁锌基态的氧化电位,$E(A^-/A)$ 为 C_{60}-NO_2 衍生物的还原电位,E_{00} 为超分子化合物从基态到激发单重态的能量差(根据图 5-12,荧光发射峰位于537 nm). C 为溶剂对 D^+/A^- 离子对库仑稳定能,在本文研究的长距离的电子给体和受体体系中 C 很小,可忽略不计.

$$\Delta G_0 = E(D/D^+) - E(A^-/A) - E_{00} - C$$

$$= 1.064 - (-0.86) - (1.24/0.537)$$

$$= -0.385 \text{ eV}$$

根据计算结果,以四氨基酞菁锌作为电子给体,C_{60}-NO_2 衍生物

作为电子受体时 $\Delta G_0 = -0.385$ eV,是热力学允许的反应.

5.3.4 超分子体系内电子转移速率常数(K_{ET})的估算

超分子体系内光致电子转移速率常数(K_{ET})和电子转移效率 Φ_{ET} 可通过式 5-4 和式 5-5 进行计算,式中 τ_f 和 τ_f^0 分别为给体-受体体系中给体的及未连接受体的给体的荧光寿命[111].

$$K_{ET} = 1/\tau_f - 1/\tau_f^0 \qquad (5-4)$$

$$\Phi_{ET} = K_{ET}/(K_{ET} + 1/\tau_f^0) \qquad (5-5)$$

根据图 5-30 C_{60}-硝基衍生物/四氨基酞菁锌超分子体系和纯四氨基酞菁锌的荧光寿命(激光器的开启响应时间为 7 ns)测试结果得 $\tau_f = 18$ ns, $\tau_f^0 = 37$ ns. 本文得到的超分子化合物的 K_{ET} 为 2.85×10^7 s^{-1},Φ_{ET} 为 51.4 %,说明分子内电子传递是超分子化合物产生荧光淬灭的主要原因之一. 荧光淬灭在一定程度上反映出超分子化合物分子内电荷分离效果的差异.

5.4 C_{60}及其衍生物/酞菁体系的分子间和超分子光诱导电子转移[114-125]

以上研究表明,C_{60}作为受体材料,能与酞菁类材料形成分子间电子转移络合物,但在混合溶剂中以溶液法制备的薄膜光电转换效率不高;尤其是由空心酞菁与 C_{60} 形成的分子间电子转移络合物效应更不明显. 而对 C_{60}-硝基衍生物/酞菁超分子(特别是部分嫁接型超分子)的光电性能测试得到了较理想的结果. 本节采用纳秒级激光分解技术研究 C_{60} 及其衍生物/酞菁体系的分子间和超分子光诱导电子转移,希望能为解释上述现象提供理论依据.

试验中激发光源采用美国 Spectra Physics Laser 公司生产的 Quanta Ray LAB 150-10 型 3 倍频 Nd-YAG 激光器,其输出波长为 355 nm,激光光斑的半径为 0.4 cm,实验中采用的激光能量为

8～80 mJ/pulse. 光谱分析仪采用英国 Applied Photophysics 公司生产的 LKS. 60/S 秒级激光闪光光解光谱分析仪一套(含氙灯、单色仪、光电倍增管、光谱仪控制单元、配置仪器控制和数据处理软件的 Acorn 工作站、反射式光学组件及打印机等),其中探测光源采用 OSRAM XBO 150 W/CR - OFR 氙灯,激光光束和探测光束垂直交叉通过一长宽均为 1 cm 四面透光的石英样品池,激发前后溶液的光信号经过单色仪和 IP28 光电倍增管后,由美国 Agilent 公司生产的储存示波器进行数据采集,并送入 Acorn 工作站进行存储和处理.

激光闪光光解瞬态吸收光谱的原理是:氙灯的分析光垂直于激光通过样品,样品吸收短脉冲激光辐射导致瞬态产物生产,因瞬态产物的出现而引起分析光强度发生的变化,由探测系统探测. 在不同的波长进行这样的测量,便得到瞬态吸收光谱(或称时间分辨吸收光谱). 同其他光谱一样,激光闪光光解瞬态吸收光谱也是以 Lambert - Beer 定律为基础,由于瞬态产物的出现而引起的吸光度 $\Delta A(t)$ 的变化为:

$$\Delta A(t) = C(t) \times (\varepsilon_t - \varepsilon_g) \times I = -\log[\Delta I(t)/I_0] \quad (5-6)$$

式中,$C(t)$ 为瞬态产物在 t 时刻的浓度,ε_t、ε_g 分别为瞬态产物和基态分子的摩尔消光系数,I 为光程,$\Delta I(t)$ 为瞬态产物的产生而引起的光强的变化,I_0 为激光作用之前的透过样品的光强. 分析光透过样品池后的光信号经单色仪分光及光电倍增管后转变成电信号. 记录下样品被照射前后的光强变化,即 I_0 和 $\Delta I(t)$,就可得到 $\Delta A(t)$. 将某一时刻的各个波长吸光度对波长作图,就得到某一时刻瞬态产物的吸收光谱.

5.4.1 四氨基酞菁锌的瞬态吸收

图 5 - 20 是四氨基酞菁锌在 DMF 溶液中的瞬态吸收光谱,横坐标表示波长的变化范围,纵坐标表示光解前后吸收值的变化. 瞬态吸

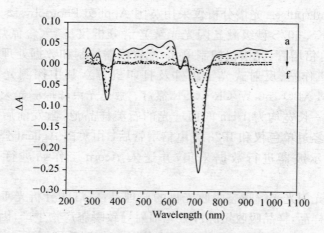

图 5 - 20　四氨基酞菁锌的瞬态吸收光谱

收光谱中位于380～680 nm 区域的正吸收归因于激发态的吸收,位于 680～760 nm 区域的负吸收归因于吸收漂白和受激发射. 负吸收带的峰位与稳态吸收峰位基本相同.

　　图 5 - 21 至图 5 - 24 比较了四氨基酞菁锌位于 550 nm 和740 nm 的瞬态荧光光谱及激发能量对相对荧光强度峰值的影响. 由图可见,位于 550 nm 的荧光物种的寿命是 37 ns,激发能量(能量分别为 16 mJ、21.9 mJ、36.4 mJ 和 49.4 mJ)与相对荧光强度峰值呈线性关系,符合单光子吸收原理;位于 740 nm 的荧光物种的寿命是 21 ns,激发能量(能量分别为 2.9 mJ、6.3 mJ、7.1 mJ、9.5 mJ、18.7 mJ、26.2 mJ、49.4 mJ 和 67.6 mJ)与相对荧光强度的关系明显偏离线性关系,符合双光子吸收原理. 由此可见,两波段的发光来源于不同的荧光物种. 根据参考文献及对空心酞菁荧光光谱的研究结果,本文认为 740 nm 的荧光来源于中心金属离子 d、f 轨道参与的酞菁荧光发射过程,而 550 nm 的荧光仅与酞菁环的激发态有关. 双光子吸收现象的存在,为解释金属酞菁材料的上转换荧光现象提供了有利依据.

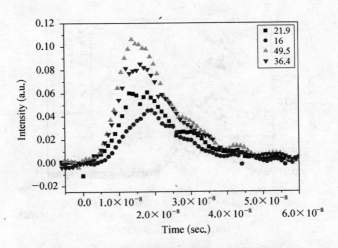

图 5 - 21　四氨基酞菁锌的瞬态荧光谱(550 nm)

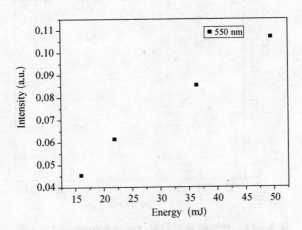

图 5 - 22　激发能量对相对荧光强度的影响(550 nm)

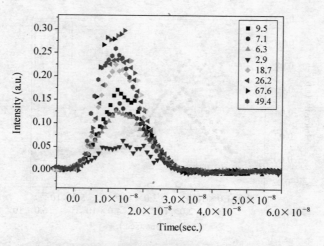

图 5 - 23　四氨基酞菁锌的瞬态荧光谱(740 nm)

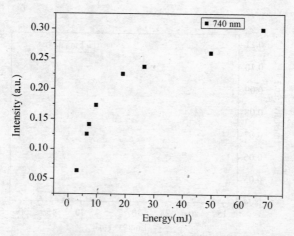

图 5 - 24　激发能量对相对荧光强度的影响(740 nm)

5.4.2 C₆₀ - NO₂ 衍生物的瞬态吸收

C₆₀ - NO₂ 衍生物的瞬态吸收光谱如图 5 - 25 所示. 图中曲线 a～f 的衰减时间分别为 $6.15E - 7$ s、$5.1E - 6$ s、$1.15E - 5$ s、$4.3E - 5$ s、$1.08E - 4$ s、$2.35E - 4$ s. 与 C₆₀ 的瞬态吸收光谱相比较,衍生物于 690 nm 至 740 nm 并未出现典型的 C₆₀ 三线态吸收峰[96]. 比较图 5 - 26 吸收峰的衰减曲线可见,闪光光解后,产物于 420 nm 和 960 nm 出现特征吸收带. 根据参考文献[117,125],两吸收带来源于硝基正离子 NO_2^{+} 和 $C_{60}^{\cdot-}$ 的吸收. 分别考察 580 nm、640 nm、700 nm 和 760 nm 等处物种的生长和衰减过程,发现四者的生长和衰减同步,这说明四处的吸收是由同一物种引起的,与 C₆₀ - NO₂ 衍生物光解后产生的碎片的滞后荧光有关. 而 800 nm 和 860 nm 的吸收带可能与产物含有 OH 基团有关.

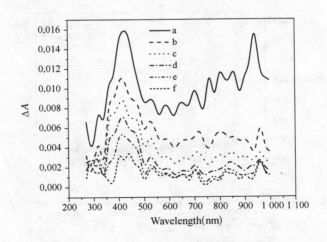

图 5 - 25 C₆₀ - NO₂ 衍生物的瞬态吸收光谱

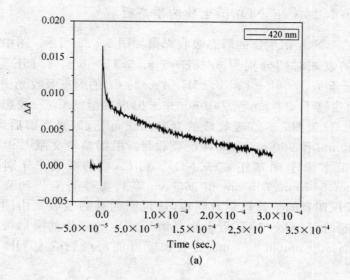

(a)

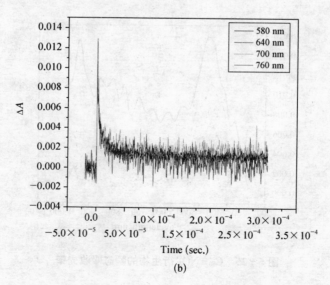

(b)

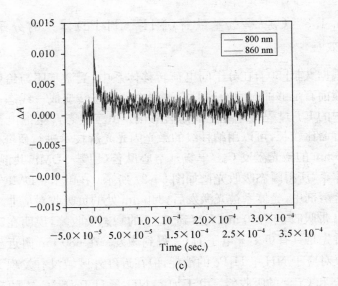

(c)

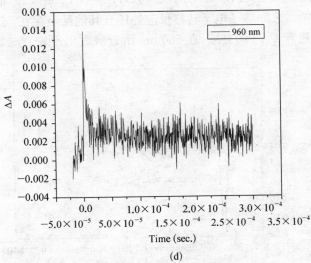

(d)

图 5 - 26   C₆₀ - NO₂ 衍生物的衰减曲线

5.4.3　C_{60}/单氨基酞菁$(NH_2 - H_2Pc)$体系的分子间光诱导效应

根据文献[50]，在分子间电荷转移体系中，受激基团与给体或受体碰撞前有足够的时间通过 ISC 过程由单线态转变成三线态；因此，体系中的 ET 过程是通过三线态转移的. 由三线态产生的电荷分离态的寿命比较长，可以用纳秒级的激光闪光光解技术进行研究. 本文以 355 nm 的激光激发 C_{60}/单氨基空心酞菁（甲苯 – DMF 共混溶液）复合体系，所得瞬态吸收光谱如图 5 – 27 所示. 在甲苯：DMF＝1：1 的混合溶剂中，当体系被光激发后，340 nm 处的负吸收对应非对称酞菁的 B 带吸收，于 740 nm 观察到 $^3C_{60}{}^*$ 的瞬态吸收峰，说明在 740 nm 附近首先是具有更多 π 电子的 C_{60} 得到激发. 在 680 nm 附近出现的负吸收对应于 $NH_2 - H_2Pc$ 的消耗，但在近红外区域没有发现 $NH_2 - H_2Pc^{+\cdot}$ 和 $C_{60}{}^-$ 的吸收峰. 由于加入 $NH_2 - H_2Pc$ 后 $^3C_{60}{}^*$ 的衰减加快，说明两者之间除了电子转移反应外还有其他反应存在. 进一步研究发现，随着 $^3C_{60}{}^*$ 的衰减，在 680 nm 附近吸收出现先衰减后增加现

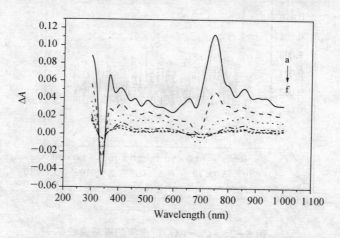

图 5 – 27　C_{60}/单氨基酞菁$(NH_2 - H_2Pc)$体系的瞬态吸收光谱

象. 本文认为此现象与 $^3NH_2-H_2Pc^*$ 的产生有关. 在混合溶剂中,主要发生了从 $^3C_{60}^*$ 到 $^3NH_2-H_2Pc^*$ 的能量转移. 由于光照后上述体系发生了电荷转移与能量转移的竞争,且以能量转移为主,导致此类体系没有明显的光电导效应.

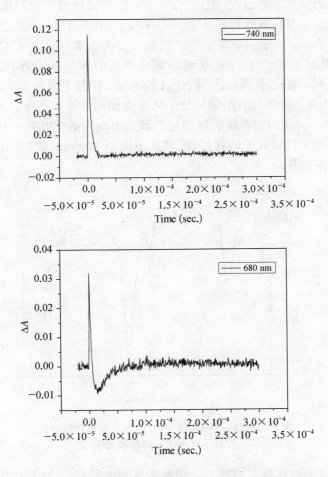

图 5-28　C₆₀/单氨基酞菁(NH₂-H₂Pc)体系的衰减曲线

5.4.4　C$_{60}$-硝基衍生物/酞菁自组装超分子体系的光诱导电子转移

以 C$_{60}$-硝基衍生物滴定四氨基酞菁锌,在滴定过程中研究了混合溶液的荧光发射过程,发现 C$_{60}$-NO$_2$ 能有效淬灭四氨基酞菁锌的荧光. 这与四氨基酞菁锌、C$_{60}$-NO$_2$ 之间存在单重态-单重态光致电子转移有关. 由于由单重态形成的电荷分离态能够迅速发生电荷复合,很难从实验上直接观察到电荷分离后的四氨基酞菁锌或 C$_{60}$-NO$_2$ 基团的瞬态吸收光谱. 因此,以 355 nm 的激光激发 C$_{60}$-NO$_2$ 衍生物/四氨基酞菁锌自组装超分子体系得到的溶液瞬态吸收光谱(如图 5-29)与纯四氨基酞菁锌溶液的瞬态吸收光谱(如图 5-21)相比没有发现明显的电子转移过程,只发现位于 400 nm 至 640 nm 的吸收峰出现红移.

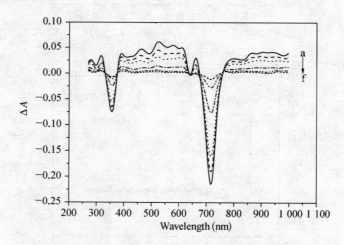

**图 5-29　C$_{60}$-NO$_2$ 衍生物/四氨基酞菁锌自组装
超分子体系的瞬态吸收光谱**

图 5-30 比较了滴加 C$_{60}$-硝基衍生物前后 C$_{60}$-NO$_2$ 衍生物/四氨基酞菁锌混合溶液在 550 nm 波段的瞬态荧光光谱,曲线 a 对应于

纯四氨基酞菁锌的瞬态荧光光谱,曲线 b‒d 中 C$_{60}$‒NO$_2$ 衍生物与四氨基酞菁锌的摩尔比约为 1∶3、1∶1、3∶1. 由图可见,随着 C$_{60}$‒NO$_2$ 的增加,四氨基酞菁锌的荧光寿命由 37 ns 缩短为 18 ns,单重态‒单重态光致电子转移速度加快. 由于瞬态荧光光谱必须在除氧条件下进行(通氮气 30 min),此过程会导致部分 C$_{60}$‒NO$_2$ 衍生物/四氨基酞菁锌超分子结构的形成,因此,在滴加 C$_{60}$‒硝基衍生物过程中瞬态荧光光谱的强度反而会有所增加.

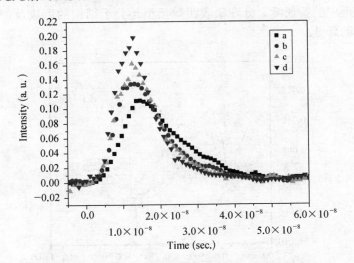

图 5‒30 C$_{60}$‒NO$_2$ 衍生物/四氨基酞菁锌自组装超分子体系的瞬态荧光谱

由此可见,在上述共混体系中,由于条件的改变,溶液中存在足够量的给体‒受体复合物,受激基团没有足够的时间通过 ISC 过程;因此,在此体系中的 ET 过程是通过短寿命的单线态转移的.

5.4.5 部分嫁接型 C$_{60}$‒硝基衍生物/酞菁超分子体系的光诱导电子转移

部分嫁接型 C$_{60}$ 衍生物‒酞菁超分子体系在 DMF 中的瞬态吸收

光谱如图 5-31 所示,激发波长为 355 nm. 与纯 C_{60}-硝基衍生物和四氨基酞菁锌的瞬态吸收光谱相比,此图谱并非两者的简单叠加,位于 400~650 nm 和 800~1 000 nm 区域的正吸收强度明显增加;位于 715 nm 附近的负吸收强度明显减弱,表明在超分子体系中存在由四氨基酞菁锌至 C_{60}-硝基衍生物的能量转移过程. 其中位于 715 nm 附近的吸收峰发生裂分,于 740 nm 附近出现新的负吸收峰对应于部分嫁接型 C_{60} 衍生物-酞菁超分子体系的吸收漂白和荧光发射. 瞬态吸收光谱中的特征峰裂分现象表明嫁接型超分子结构的形成及产物对称性的降低.

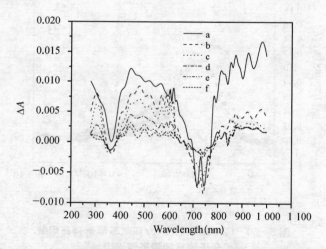

图 5-31   部分嫁接型 C_{60} 衍生物-酞菁超分子体系的瞬态吸收光谱

由于受实验条件的限制,本文无法捕捉由单线态产生的电荷分离态的变化信息. 但比较图 5-20 和图 5-30 发现:与自组装体系(荧光寿命为 18 ns)相比,C_{60}-硝基衍生物/四氨基酞菁锌部分嫁接型超分子体系的荧光寿命(24 ns)明显延长. 由于给体-受体复合物的成键过程是可逆的,ET 过程发生后,单独的电荷分离基团如 $4NH_2$-$PnZn^{+\cdot}$、$C_{60}^{\cdot-}$ 各自扩散,在极性溶剂中建立长寿命 SSIP 过程,因此延长电荷分离态(CS)的时间.

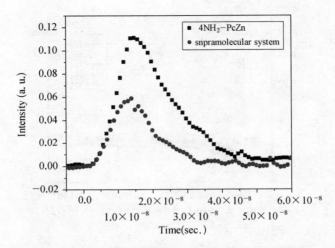

图 5－32　四氨基酞菁锌及部分嫁接型超分子体系的瞬态荧光谱

与分子间电荷转移体系相比,自组装的给体-受体超分子体系和部分嫁接型超分子体系有几方面优势:(1) 可在一定程度上控制给体与受体的定向排列. 由于 ET 的效率依赖于给体和受体间的轨道重叠与距离,因此有序排列非常重要. (2) 在分子间电荷转移体系中,ET 过程是受扩散控制的;在超分子体系中,ET 过程是部分受扩散控制,部分受键能和浓度控制. (3) 在分子间电荷转移体系中,受激基团与给体或受体碰撞前有足够的时间通过 ISC 过程由单线态转变成三线态;因此,在分子间电荷转移体系中的 ET 过程是通过三线态转移的. 而在自组装的超分子体系中,由于条件的改变,溶液中存在足够量的给体-受体复合物,受激基团没有足够的时间通过 ISC 过程;因此,其 ET 过程是通过短寿命的单线态转移的. (4)在嫁接型超分子体系中,由于给体-受体复合物的成键过程是可逆的,ET 过程发生后,单独的电荷分离基团如 D^+、A^- 各自扩散,在极性溶剂中建立长寿命溶剂隔离离子对(SSIP)过程,延长了电荷分离态(CS)的时间.

图 5－33 显示了部分嫁接型 C₆₀衍生物-酞菁超分子体系 740 nm

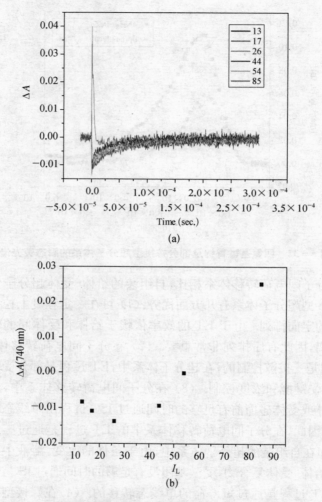

图 5 - 33　部分嫁接型分子体系吸收值与激光强度的关系(740 nm)

处瞬态吸收动力学过程,每泵激发能量由 13 mJ 至 85 mJ. 明显可见,
衰减动力学过程与激光能量有关. 尤其在开始时间段,当激光能量大
于 44 mJ 时,衰减数据变化明显. 此现象出现相当于存在阈值强度

(I_{th}). 吸收值对激光强度的依赖性可利用图 5-34 加以解释,图中 x 轴表示状态密度,y 轴表示迁移能. 当 I<I_{th},陷域在 tail 态中的极化子的复合受热激活能的影响,对应于复合动力学中的慢过程. 当激子能量(I_{th})与激发能量相等时,局域态的尾巴被完全占有,此时极化子的衰减遵循能量法则. 而当 I> I_{th} 时,局域态被完全填充,多余极化子占据的轨道能量大于迁移能,体现较快的变化过程.

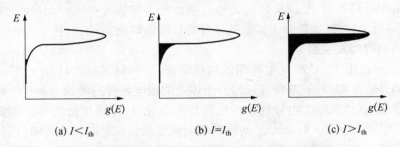

(a) $I<I_{th}$ (b) $I=I_{th}$ (c) $I>I_{th}$

图 5-34   部分嫁接型超分子体系瞬态吸收动力学过程示意图

由激光强度与吸收值的关系图(图 5-33 (b))可判断体系是否遵循单光子吸收原理,由图可见,激光强度与吸收值的非线性关系不符合典型的单光子吸收原理,却与双光子吸收有关.

5.5   本章小结

本章在讨论了 C$_{60}$ 衍生物-酞菁超分子体系的光电性能的基础上,采用纳秒级激光分解技术研究 C$_{60}$ 及其衍生物/酞菁体系的分子间和超分子光诱导电子转移过程,得到了如下结论:

1. 紫外-可见光谱与荧光光谱研究表明,C$_{60}$-硝基衍生物/酞菁超分子体系的紫外-可见光谱并不是母体分子吸收光谱的简单叠加. C$_{60}$-硝基衍生物的加入能有效淬灭母体分子四氨基酞菁锌的荧光,低掺杂浓度时, 四氨基酞菁锌与 C$_{60}$-NO$_2$ 之间主要发生激发态电荷转移作用;而掺杂剂浓度的增大,使四氨基酞菁锌与 C$_{60}$-NO$_2$ 之间不仅发生激发态电荷转移作用,而且发生基态电荷转移作用,形成了稳定的 C_{60}-硝基衍生物/酞菁超分子体系. 于 354 nm 的 Job 图表明:C_{60}-硝基衍生物与四氨基酞菁锌靠氢键和轴向配位作用在 DMF 溶液中可形成 1∶1 和 1∶3 的超分子化合物.

2. 部分嫁接型 C_{60} 衍生物-酞菁超分子体系的光电性能研究表明,由于两母体分子在 DMF 溶液中具明显的成键作用,有效抑制了电子反转过程,呈现良好的光电转换性能. 与酞菁相比,部分嫁接型 C_{60} 衍生物-酞菁超分子体系的紫外特征吸收峰明显红移,位于740 nm 的吸收峰发生裂分.

3. 由 I-V 和光电导测试数据发现,与四氨基酞菁锌相比,C_{60}-硝基衍生物/四氨基酞菁锌超分子体系的暗电导普遍增加 1 到 2 个数量级,且体系的光电导现象发生明显的变化,C_{60}-硝基衍生物∶四氨基酞菁锌= 1∶1(mol%)的体系响应速度最快. 理论分析表明:超分子膜光电导性能增加源于 C_{60}-硝基衍生物和四氨基酞菁锌之间形成的分子内电荷转移络合物及电荷分离态(CS)时间的延长.

4. 四氨基酞菁锌-环氧衍生物作为新的成膜材料有利于载流子在 C_{60}-硝基衍生物/四氨基酞菁锌超分子复合光电导膜中的传输,有效提高了复合膜的光电导效应. 样品表面光电压谱的光谱响应范围与其光吸收范围基本对应.

5. 超分子体系内电子转移过程的研究表明,以四氨基酞菁锌作为电子给体,C_{60}-NO_2 衍生物作为电子受体时 $\Delta G_0 = -0.385$ eV,是热力学允许的反应. 与母体四氨基酞菁锌相比,荧光寿命由 37 ns 缩短为 18 ns,分子内电子传递是超分子化合物产生荧光淬灭的主要原因之一.

6. C_{60} 及其衍生物/酞菁体系的分子间和超分子的瞬态吸收光谱和瞬态荧光光谱测试发现:母体分子四氨基酞菁锌位于 740 nm 的相对荧光强度与激发能量的关系明显偏离线性关系,符合双光子吸收原理. C_{60}-NO_2 衍生物于 690 nm 至 740 nm 未出现典型的 C_{60} 三线态吸收峰. 在 C_{60}/单氨基空心酞菁(甲苯-DMF 共混溶液)混合体系中,主要发生了从^{3}C$_{60}$*到^{3}NH$_2$ - H$_2$Pc*的能量转移过程,导致此类体系没有明显的光电导效应. C$_{60}$-硝基衍生物/酞菁共混体系中存在足够量的给体-受体复合物,受激基团没有足够的时间通过ISC过程,在此体系中的ET过程是通过短寿命的单线态转移的.

7. 与共混体系(荧光寿命为18 ns)相比,C$_{60}$-硝基衍生物/四氨基酞菁锌超分子体系的荧光寿命(24 ns)明显延长. 由于给体-受体复合物的成键过程可逆,ET过程发生后,单独的电荷分离基团如4NH$_2$ - PnZn$^+$$^·$、C$_{60}$$^·$$^-$各自扩散,在极性溶剂中建立长寿命SSIP过程,因此延长电荷分离态(CS)的时间. 超分子体系于740 nm处瞬态吸收动力学过程研究表明激光强度与吸收值存在非线性关系,与双光子吸收有关.

第六章 C₆₀-甲苯衍生物等对 酞菁超分子复合膜 光电性能的影响

本章在研究了 C_{60}-甲苯衍生物的制备和光电性能的基础上,从光电导-时间关系、稳态光电导能谱和光诱导放电曲线等方面研究 C_{60}/酞菁超分子体系的光电性能,讨论 C_{60}-甲苯衍生物作为空穴传输材料对薄膜性能的影响;并摸索类金刚石膜作为超分子薄膜钝化层的可行性.

6.1 C₆₀-甲苯衍生物对 C₆₀/酞菁超分子体系光电性能的影响

6.1.1 实验过程

用真空镀膜法制备多种功能分离型有机光电导膜,真空度约为 3×10^{-5} Torr,膜的结构如图 6-1 所示,膜厚为 50 nm 左右. 以图 2-14 所示的自制装置测量薄膜的光电导-时间光谱和稳态光电导能

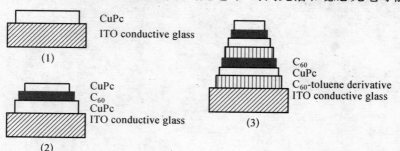

图 6-1 有机光电膜的结构

谱,用STATIC HONESTMETER TYPE 测定薄膜的光诱导放电曲线,并着重研究 C$_{60}$-甲苯衍生物对酞菁铜/C$_{60}$薄膜光电性能的影响.

6.1.2 光电导-时间关系

图 6-2 为真空镀膜法制备的 CuPc、C$_{60}$、C$_{60}$甲苯衍生物单层、双层和多层薄膜室温光电导的测试结果,单层(曲线 a)的暗电导为 2×10^{-12} S,双层(曲线 b)的暗电导为 2.7×10^{-12} S,多层(曲线 c)的暗电导为 3.8×10^{-12} S. 根据图 6-2 的测试结果可知酞菁铜在室温无明显的光电导效应,C$_{60}$的加入使薄膜的电导性能大大提高,然而光照瞬间变化缓慢. 而 C$_{60}$-甲苯衍生物的加入,不仅可使薄膜的光电导性能有效提高,而且响应速度很快,在几秒内光电导增加近一个数量级.

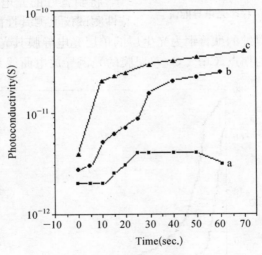

图 6-2 光电导-时间关系图

6.1.3 稳态光电导能谱

C$_{60}$-甲苯衍生物/酞菁铜/C$_{60}$多层薄膜的稳态光电导能谱如图 6-3 所示,波长范围从 $488 \sim 514.5$ nm 和 $744 \sim 820$ nm,激光强度为

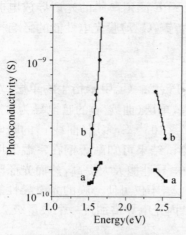

图 6 - 3　稳态光电导能谱

240~250 mV. 从图可见,在一定波长范围内,薄膜的光电导均随光子能量的增加而增强,并在 1.55~1.75 eV 有一突变对应于酞菁铜的特征吸收. 稳态光电导能谱测量表明,C_{60}-甲苯衍生物/酞菁铜/C_{60}多层薄膜的光电导与酞菁铜单层膜相比增加近一个数量级.

6.1.4　光诱导放电曲线（PIDC）

将制备好的光电导膜在光导特性测试仪上测其性能,结果如图 6 - 4 所示. 以纯的酞菁铜为光生层的单层光电导膜其光诱导放电曲线没有明显的拐点,$CuPc/C_{60}$双层膜的光诱导放电曲线只有暗电导,

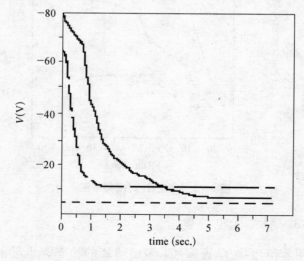

图 6 - 4　光诱导放电曲线

无明显光电导现象. C$_{60}$-甲苯衍生物/CuPc/C$_{60}$多层膜的光诱导放电曲线虽然充电电压不高,但具有残余电压低、暗衰速率小、光衰速率大和半衰时间短的特点(见表 6-1),表中 V_0、V_R、R_d、R_p、ΔV_1‰、$t_{1/2}$和 $t_{1/2}{}^{-1}$ 分别表示起始光电压、剩余电压、暗电压减速率、光电压衰减速率、曝光一秒后的电压衰减百分比、半衰减时间和半衰减时间倒数,其中半衰减时间倒数的大小与光灵敏度成正比. 由数据可见复合膜呈明显的光电导特性.

表 6-1   薄膜的光电导性能

sample	V_0 (V)	V_R (V)	R_d (V/s)	R_p (V/s)	ΔV_1 ‰	$t_{1/2}$ (s)	$t_{1/2}{}^{-1}$
multilayer	80	7	13	90	64	0.3	3.3
single film	63	10	53				

(其中 V_0—起始光电导,V_R—剩余电压,R_d—暗电压率减速率,R_p—光电压率减速率,$t_{1/2}$—半率减时间)

6.2   C$_{60}$-甲苯衍生物对聚苯乙烯负载羧基酞菁铁光电导效应的影响

6.2.1   实验过程

以酰卤酞菁铁和聚苯乙烯为原料,无水三氯化铝为催化剂,在室温下反应 10 h,得到蓝黑色溶液. 产物中加入适量水使反应淬灭,有机层和水层明显分离,并放出大量热,分离,有机层多次水洗,经水蒸气蒸馏等后处理过程得产物聚苯乙烯负载羧基酞菁铁(Fe-ta-Pc-PS),结构如图 6-5 所示.

薄膜制备:(1) 在 ITO 导电玻璃上分别用旋涂法制备单层聚苯乙烯负载羧基酞菁铁或 C$_{60}$-甲苯衍生物掺杂的聚苯乙烯负载羧基酞菁铁,真空 80℃干燥 4 h;(2) 蒸镀一层 C$_{60}$;(3) 再旋涂一层聚苯乙烯负载羧基酞菁铁. 以 Hitachi 557 UV-VISible spectrometer 测试产

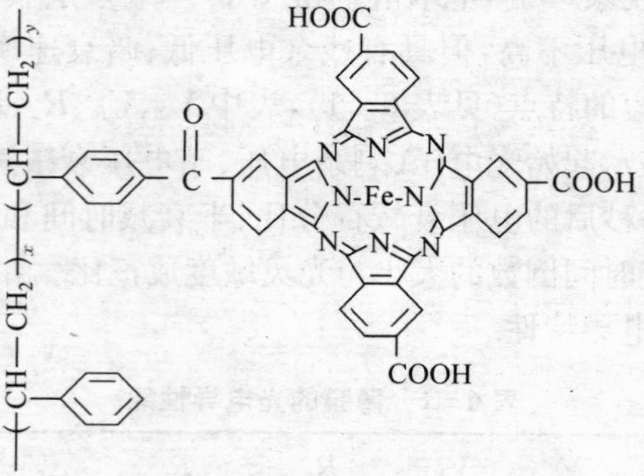

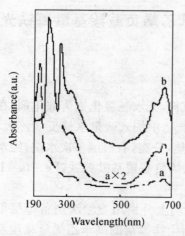

图 6 - 5　聚苯乙烯负载羧基酞菁铁

物的紫外-可见光谱. 以图 2 - 14 所示的自制装置测量薄膜的光电导-时间光谱,并着重研究 C_{60}-甲苯衍生物对复合膜光电性能的影响.

6.2.2　紫外-可见光谱

图 6 - 6 测试了四羧基酞菁铁(Fe - ta - Pc)(Ⅲ)- KOH 溶液(pH＝9)(curve a)和聚苯乙烯负载羧基酞菁铁(Fe - ta - Pc - PS)- THF 溶液的紫外-可见光谱(curve b). 由图可见,高分子产物于 640 nm 和 683 nm 保留了酞菁衍生物的特征吸收峰. 与四羧基酞菁铁(Ⅲ)的光谱相比较,高分子衍生物位于 212 nm 的吸收峰红移至 242 nm,并于 288 nm 处出现新的吸收峰对应于聚苯乙烯的苯环吸收,表明聚苯

图 6 - 6　四羧基酞菁铁和聚苯乙烯负载羧基酞菁铁的紫外-可见光谱

乙烯负载羧基酞菁铁具有扩展的 π-电子体系.

6.2.3 光电导-时间关系

图 6-7 讨论了系列薄膜的光电导-时间关系,曲线 a:Fe - taPc - PS 单层膜(暗电导为 1.8×10^{-12} S),曲线 b:Fe - ta - Pc - PS/C₆₀/ Fe - ta - Pc - PS 夹层结构,曲线 C:C₆₀- toluene derivative doped Fe - ta - Pc - PS/C₆₀/Fe - ta - Pc - PS

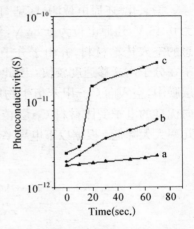

多层膜. 由图可见,单层聚苯乙烯负载羧基酞菁铁薄膜有微弱的光电导现象,经 C₆₀掺杂,薄膜的光电导现象虽明显增加,但变化缓慢,变化范围较小. 而 C₆₀-甲苯衍生物的加入,不仅可使薄膜的光电导性能有效提高,而且响应速度加快,光照后电导可增加近一个数量级.

图 6-7 光电导-时间关系图

6.3 机理分析

本文根据文献资料[126-130]及实验数据,就 C₆₀-甲苯衍生物对 C₆₀-甲苯衍生物/CuPc/C₆₀多层膜和 C₆₀- toluene derivative doped Fe - ta - Pc - PS/C₆₀/Fe - ta - Pc - PS 多层膜的光电导增强效应作如下分析:

金属酞菁、富勒烯及其衍生物由于具有优良的光电导性能被应用于光电转换器件. CuPc 等金属酞菁材料是一类 P 型半导体材料,能隙为 1.64 eV 左右,光吸收系数很大,约为 10^5 cm⁻¹. 在光照情况,CuPc 等受光激发易产生光生载流子,因此金属酞菁材料在功能分离型器件中主要作为载流子产生层. 但是酞菁材料中载流子的迁移率很小,只有 $10^{-3} \sim 10^{-4}$ cm²/Vs,因此单层金属酞菁及其衍生物作为光电导材料并非十分理想.

C_{60}既可作为电子给体材料,又可作为电子受体材料. 与 C_{60} 相比,金属酞菁及其衍生物主要作为电子给体材料. 因此,在 $CuPc/C_{60}$ 双层膜和 $Fe-ta-Pc-PS/C_{60}/Fe-ta-Pc-PS$ 夹层结构中有分子间电子转移络合物形成. 光照瞬间,在 $CuPc$ 或 $Fe-ta-Pc-PS$ 层产生光生载流子,并向 C_{60} 层转移,导致载流子迁移通道形成,迁移率提高,器件光电导性能改善.

据氧化-还原电位测试(见图 $2-11$),C_{60}-甲苯衍生物的氧化电位为 $0.46\ V$,还原电位为 $0.86\ V$,氧化电位小于还原电位,是一种较理想的空穴传输材料,并由于分子的特殊结构,非定域范围较大,载流子在分子内迁移速度较快. 因此,将 C_{60}-甲苯衍生物用于上述两种多层膜中,空穴向 C_{60}-甲苯衍生物层转移,电子通过金属酞菁/C_{60} 界面向优良的电子受体材料 C_{60} 层转移,导致电子和空穴有效分离,复合几率大大降低. 根据以下电导率计算公式:

$$\sigma = n\,q\,\mu \qquad (6-1)$$

$$\mu = (q\,\tau)\,/\,m^* \qquad (6-2)$$

$$\tau \propto 1/p \qquad (6-3)$$

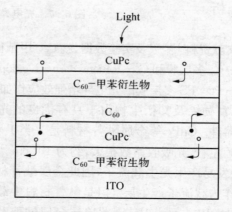

**图 6-8 C_{60}-甲苯衍生物/$CuPc$/C_{60} 多层膜中
电子-空穴对分离过程示意图**

式中 σ 为电导率,n 为载流子浓度,q 为载流子电荷,μ 为迁移率,τ 为寿命,m^* 为载流子有效质量,p 为复合几率. 随着复合几率 p 的降低,载流子的寿命 τ、迁移率 μ 和电导 σ 相应增加.

C$_{60}$-甲苯衍生物/CuPc/C$_{60}$ 多层膜中电子-空穴对分离过程如图 6-8 简单表示.

6.4 类金刚石膜的钝化作用[131-132]

6.4.1 实验过程

以分散红-1(购于 Aldrich 公司)为原料,制备了偶氮类高聚物(azo polymer),产物结构如图 6-9 所示. 实验所用金属酞菁(酞菁铜)原料由上海染料研究所提供. 其它所用试剂均为分析纯.

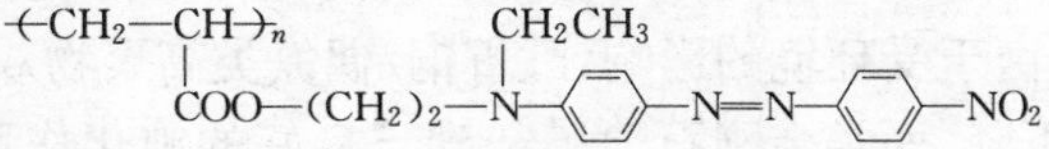

$$\underset{\substack{|\\ \text{COO}-(\text{CH}_2)_2-\text{N}}}{-(\text{CH}_2-\text{CH})_n-} \quad \overset{\text{CH}_2\text{CH}_3}{} -\!\!\left\langle \right\rangle\!\!-\text{N}=\text{N}-\!\!\left\langle \right\rangle\!\!-\text{NO}_2$$

图 6-9　偶氮高分子材料的结构

用真空镀膜法(真空度为 3×10^{-5} Torr)和旋涂法(薄膜于 70℃真空烘箱处理 4 h)制备金属酞菁-偶氮类高聚物复合膜,膜的结构如图 6-10 所示,膜厚为 20 μm 左右. 以 RFCVD 法制备类金刚石薄膜(DLC),薄膜厚度约 1 μm.以图 2-14 所示自制装置测量薄膜的光电导-时间光谱,对 DLC 膜进行了 Raman 光谱检测.

6.4.2 类金刚石膜的钝化作用

酞菁铜/偶氮类高聚物复合膜作为功能分离型有机光电导薄膜具有优良的性能,偶氮类化合物的加入使酞菁铜/偶氮化合物复合膜的光电性能大大提高,光照后响应很快,瞬间变化近一个数量级,延长光照时间还可使响应范围增大. 然而其又容易受到环境的影响(如:O$_2$,H$_2$O 等). 因此希望能利用热导率较高的类金刚石薄膜作为新的钝化层材料. 由图 6-11 可见,与酞菁铜/偶氮类高聚物双层膜

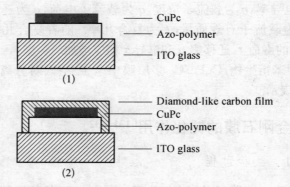

图 6 - 10 有机复合膜的结构

相比,类金刚石薄膜的加入使复合膜的光电导效应略有下降,且响应延迟两秒钟. 但是 10 天后对上述薄膜的光电导性能复测数据(见图 6 - 12)表明:由于受环境的影响,酞菁铜/偶氮类高聚物双层膜的光电导性能明显下降,而类金刚石薄膜起到了良好的钝化作用,使复合膜的光电导性能无明显下降.

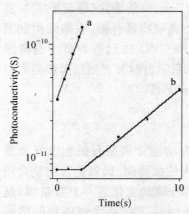

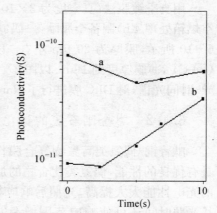

图 6 - 11   azo-polymer/CuPc/diamond-like carbon 复合膜的光电导性能

图 6 - 12   azo-polymer/CuPc/diamond-like carbon 复合膜的光电导性能(10 天后复测)

本文对上述现象进行了讨论:酞菁铜一般作为电子给体材料,偶氮类高聚物由于含有强吸电子基团硝基而体现受电子性. 偶氮类化合物加入后酞菁铜/偶氮化合物复合膜的光电性能提高与两者之间形成的电子转移络合物有关. 由类金刚石薄膜的拉曼光谱图 6 - 13 可见,DLC 的拉曼光谱由两特征峰,位于 1 336.90 cm^{-1} 的峰来源于 SP^3 杂化键(类金刚石相),位于 1 589.61 cm^{-1} 的峰来源于 SP^2 杂化键(类石墨相). 类金刚石膜中石墨相的存在会降低可见光的透过率,导致复合膜光电导性能的降低. 另一方面,来源于类石墨相 SP^2 杂化键的 π 电子活性较高,有可能与 CuPc 层形成另外一种电荷转移络合物而有利于电荷的传输和稳定性的提高.

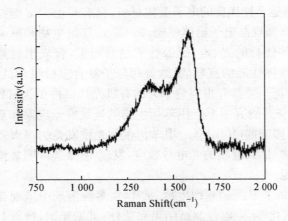

图 6 - 13   DLC 薄膜的拉曼光谱

6.5   本章小结

1. 从光电导-时间关系、稳态光电导能谱和光诱导放电曲线等方面的研究表明,C_{60}-甲苯衍生物对 C_{60}/酞菁复合膜的光电导性能具有增强效应. C_{60}-甲苯衍生物在光电传输过程中起到空穴传输层的作用.

2. 类金刚石薄膜可作为有机光电导复合膜的钝化膜.

第七章 结 论

　　本文研制了多种超分子组装用 C_{60}-衍生物和金属酞菁衍生物，测试了材料的光电性能，讨论两者间形成分子间电荷转移络合物和超分子结构的条件及对体系光电性能的影响，采用纳秒级激光分解技术研究 C_{60} 及其衍生物/酞菁体系的分子间和超分子光诱导电子转移过程，得到如下结果：

　　1. C_{60} 是一种优良的电子受体材料，具有平面大 π 键结构的酞菁及其衍生物呈现出电子给体性能，将 C_{60} 及其衍生物和酞菁及其衍生物所具有的优异的光、电、磁等性能结合起来，合成出对光具有宽吸收和类半导体性能的富勒烯/酞菁超分子复合膜材料，有巨大的潜在应用前景，是一类具有很强竞争力的有机光伏器件候选材料.

　　2. 制备并研究了 C_{60}-甲苯衍生物的光致发光现象和双重荧光现象，研究了掺杂剂（I_2）对 C_{60}-甲苯衍生物光致发光的淬灭效应和 C_{60}-甲苯衍生物/I_2 共混膜的光电导效应，发现 I_2 掺杂可明显增加薄膜的光电导性能.

　　3. 制备了 C_{60}-硝基衍生物. 产物在多种溶剂中呈现良好的溶解性. 根据氧化-还原电位测试结果和紫外-可见光谱，推算其电离能为 5.7 eV，亲合势为 3.45 eV. C_{60}-硝基衍生物比 C_{60} 母体具有更强的接受电子能力、更好的溶解性和反应活性.

　　4. 合成了四氨基酞菁锌-环氧衍生物，产物在甲醇、乙醇等常用溶剂中具良好的溶解性能，为解决酞菁材料的溶解性和成膜性问题提供了一种行之有效的方法. 所得衍生物具有较强的荧光发射效应和上转换荧光现象. 此现象与酞菁材料的双光子吸收有关.

　　5. C_{60}/酞菁体系的光电性能研究表明，C_{60} 对酞菁衍生物的荧光具有淬灭作用. 在两者的混合物和复合物体系中，分别形成了分子间电荷转移络合物和轴向配位的超分子结构. 瞬态吸收光谱的分析表明,在 C_{60}/单氨基空心酞菁(甲苯-DMF 共混溶液)复合体系中,主要发生了从 $^3C_{60}^*$ 到 $^3NH_2 - H_2Pc^*$ 的能量转移过程,导致以溶液法制备的薄膜未体现理想的光电导效应.

6. 以 C_{60}-硝基衍生物作为电子受体,四氨基酞菁锌作为电子给体,构筑 C_{60}-硝基衍生物/酞菁自组装超分子体系,$\Delta G_0 = -0.385$ eV,是热力学允许的反应. 荧光寿命由母体分子四氨基酞菁锌的37 ns缩短为 18 ns,分子内电子传递是超分子化合物产生荧光淬灭的主要原因之一. C_{60}-硝基衍生物/酞菁自组装超分子体系中由于存在足够量的给体-受体复合物,受激基团没有足够的时间通过 ISC 过程,在此体系中的 ET 过程是通过短寿命的单线态转移的.

7. 部分嫁接型 C_{60} 硝基衍生物-酞菁超分子体系的光电性能研究表明,由于两母体分子在 DMF 溶液中具明显的成键作用,有效抑制了电子反转过程,呈现良好的光电转换性能. 与酞菁相比,部分嫁接型超分子体系的紫外特征吸收峰明显红移,位于 740 nm 的吸收峰发生分裂. 该超分子体系在极性溶剂中建立长寿命溶剂隔离离子对(SSIP)过程,延长了电荷分离态(CS)的时间,导致光电转换效应的显著提高. 部分嫁接型超分子体系于 740 nm 处瞬态吸收动力学过程研究表明激光强度与吸收值存在非线性关系与域值强度,符合双光子吸收原理.

8. C_{60}-甲苯衍生物对 C_{60}/酞菁超分子体系的光电导性能具有增强效应. C_{60}-甲苯衍生物在光电传输过程中起到空穴传输层的作用. 而类金刚石薄膜可作为有机光电导复合膜的钝化膜.

本文创新点:

1. 将 C_{60} 及其衍生物和酞菁及其衍生物所具有的优异的光、电、磁等性能结合起来,合成出对光具有宽吸收和类半导体性能的富勒烯/酞菁超分子复合膜材料有巨大的潜在应用前景,是一类具有很强竞争力的有机光伏器件候选材料,也是当今超分子化学研究领域的前沿和热点之一.

2. 制备并研究了 C_{60}-甲苯衍生物的光致发光现象和双重荧光现象,研究了掺杂剂(I_2)对 C_{60}-甲苯衍生物光致发光的淬灭效应和 C_{60}-甲苯衍生物/I_2 共混膜的光电导效应,发现 I_2 掺杂可明显增加薄膜的光电导性能.

3. 制备了 C_{60}-硝基衍生物和多种可溶性酞菁其衍生物,以 C_{60}-硝基衍生物作为电子受体材料,合成并研究了 C_{60} 硝基衍生物/酞菁超分子材料及其光电转换性能,发现部分嫁接型 C_{60} 衍生物-酞菁超分子材料呈现良好的光电转换性能,是潜在的光电转换器件候选材料.

4. 采用纳秒级激光分解技术研究了 C_{60} 及其衍生物/酞菁体系的分子间和超分子光诱导电子和能量转移过程.

参 考 文 献

1　MacLachlan M. J. , Coombs N. , Ozin G. A. Non-aqueous supramolecular assembly of mesostructured metal germanium sulphides from $(Ge_4S_{10})_4$ – clusters. *Nature* [J] , 1999 , **397**: 681 – 684

2　Hua Z. L. , Shi J. L. , Wang L. , *et al*. Preparation of mesoporous silica films on a glass slide: surfactant template removal by solvent extraction. *Journal of Non-Crystalline Solids* [J] , 2001 , **292**: 177

3　Chen F. X. , Yan X. , Li Q. Effect of hydrothermal conditions on the synthesis of siliceous MCM – 48 in mixed cationic-anionic surfactants systems. *Stud. Surf. Sci. Catal* [J] , 1998 , **117**: 273

4　宋会花, 刘泽华, 郭海清. 用"超分子板块构筑法"制备有机/无机组装体发光材料. 高分子学报[J] , 2003 , **5**: 609 – 611

5　尹伟, 张迈生, 康北笙. 稀土超分子纳米功能材料的组装及其荧光性质比较. 无机化学学报[J] , 2001 , **17**(1): 60 – 64

6　谌东中, 万雷, 方江邻, 余学海. 组装合成超分子液晶聚合物动态功能材料. 高分子通报[J] , 2002 , **6**: 5 – 18

7　沈家骢, 孙俊奇, 张希. 有机纳米构筑与超分子组装. 复旦学报（自然科学版）[J] , 2002 , **41**(3): 236 – 242

8　Dresselhaus M. S. , Dresselhaus G. and Eklund P. C. Fullerenes. *J. Mater. Res.* , 1993 , **8**(8): 2 054 – 2 096

9　林阳辉, 蔡瑞芳. [60]富勒烯的化学修饰及其功能材料性能研究. 应用化学[J] , 2002 , **19**(2): 103 – 108

10　乔锦丽,晋卫军,刘长松. 富勒烯 C_{60} 及其电荷转移配合物的吸光、发光特性研究. 光谱实验室[J],2000,**17**(1):17-25

11　肖春华,吴采樱. 富勒烯及其衍生物在生物方面的应用. 武汉大学学报(自然科学版)[J],2000,**46**(2):133-136

12　柳翱,张德文,解聿林. 笼内金属富勒烯研究进展. 吉林工学院学报[J],2002,**23**(2):32-35

13　方渊清,王静霞,蔡瑞芳,黄祖恩. 富勒烯[60]的光化学反应研究. 化学通报[J],2000,**5**:25-33

14　Duerte-Ruiz A., Müller T., Wurst K. and Kräutler B. The bis-adducts of the [5,6]-fullerene C_{60} and anthracene, *Tetrahedron* [J], 2001, **57**:3 709-3 714

15　Guldi D. M., Maggini M. Scorrano G., Prato M. Intramolecular electron transfer in fullerene / ferrocence based donor-bridge dyads. *J. Am. Chem. Soc.* [J], 1997, **119**:974-980

16　Kreher D., Liu S. G., Cariou M.,*et al*. Novel [60] fullerene-TTF cyclohexene fused polyadducts: unprecedented tri- and tetra-Diels — Alder adducts of dimethylidene [2H] tetrathiafulvalenes with C_{60}. *TetrahedronLett* [J], 2001, **42**:3 447-3 450

17　Nair V., Sethumadhavan D., Sheela K. C. and Eigendorf G. K. Cycloaddition reactions of carbonyl ylides to [60] fullerene: Synthesis of novel C_{60} derivatives. *TetrahedronLett* [J], 1999, **40**:5 087-5 090

18　Wharton T., Kini V. U., Mortis R. A. and Wilson L. J. New non-ionic, highly water-soluble derivatives of C_{60} designed for biological compatibility. *TetrahedronLett* [J], 2001, **42**:5 159-5 162

19　Schon H., Kloc Ch., Batlogg B. Superconductivity at 52 K in hole — doped C$_{60}$, *Nature* [J]，2000，**408**：549

20　Howada M.，Hino T.，Kinbara K. and Kazuhiko S. Synthesis and transformation of a novel methano [60] fullerene having a formyl group [J]. *TetrahedronLett*，2001，**42**：5 069 - 5 071

21　Yannick R.，*et al*. Water soluble supramolecular cyclotriveratrylene —[60] fullerene complexes with potential for biological applications. *Tetrahedron Letters* [J]，2002，**43**：4 321 - 4 324

22　Friedman S. H.，Decamp D. L.，Kenyon G. L. Synthesis of a fullerene derivative for the inhibition of HIV enzymes. *J Am. Chem. Soc.* [J]，1993，**115**：6 506

23　Trisha G. Random samples, *Science* [J]，1997，**277**：1 207

24　Tokuyama H，Yamago S. Fullerenol derived urethane-connected polyether dendritic polymers. *J Chem. Soc. Chem. Commun* [J]，1994：2 675

25　陆长元,姚思德,章道道. 富勒烯 C$_{60}$、C$_{70}$的超分子化学[J]. 化学通报,1998,**1**：1 - 6

26　Andersson T.，Nilsson K.，Sundhal M.，*et al*. C$_{60}$ embedded in γ - CD：a water — soluble fullerene. *J. Chem. Soc. Chem. Commun*[J]，1992，**8**：604 - 606

27　Liddell P. A.，Sumida J. P.，*et al*. Preparation and photophysical studies of porphyrin-C$_{60}$ dyads. *Photochemistry and Photobiology* [J]，1994，**60**(6)：537 - 541

28　Imahori H.，Sakata Y. Synthesis of closely spaced porphyrin-fullerene. *Chem. Lett.* [J]，1996：199 - 200

29　Tashiro K.，Aida T.，Zheng J. Y.，Kinbara K.，Saigo K.，Sakamoto S.，Yamaguchi K. A cyclic dimmer of metalloporphyrin forms a highly stable inclusion complex with C$_{60}$. *J. Am. Chem. Soc.* [J]，1999，**121**：9 477

30 张钢,周新,刘智,封继康,薄志山. 内含 C_{60} 的环状卟啉锌双体超分子的结构、电子光谱及三阶非线性光学性质的理论研究. 化学学报[J], 2003, **61**(12):1 911－1 915

31 Li W. Z., Qian K. X., Huang W. D., *et al*. Water soluble C_{60}－liposome and the biological effect of C_{60} to human cervix cancer cells. *Chin. Phys. Lett.* [J], 1994, **11**(4): 207－210

32 封伟,易文辉,王晓工,吴洪才. 聚苯胺—富勒烯复合膜的光电响应[J]. 物理化学学报[J],2003, **19**(9):795－799

33 陈红征,骆晓宏,汪茫等. 酞菁铕与有机染料共混复合体系的发光特性[J]. 浙江大学学报(自然科学版),1999, **33**(3):266－270

34 Sin H. J., Jae H. C., Sung M. Y., Won J. C., Chang S. H. Syntheses and characterization of soluble phthalocyanine derivatives for organic electroluminescent devices. *Materials Science and Engineering B* [J], 2001, **85**: 160－164

35 Ahmet B., Beytullah E. and Yasar G. The synthesis and characterization of a new metal-free phthalocyanine substituted with four diloop macrocyclic moieties. *Tetrahedron Letters* [J], 2003, **44**: 3 829－3 833

36 彭必先,谢文委,闫天堂. 偶氮光盘染料研究进展. 科学通报[J], 2001, **46**(7):529－531

37 Gao L. D., Qian X. H. Synthesis and photosensitizing properties of fluoroalkoxyl phthalocyanine metal complexes[J]. *J. of Fluorine Chemistry*, 2002, **113**: 161－165

38 刘颖,左霞. 四溴 2,3 萘酞菁锌(Ⅱ)的合成及非线性光限幅特性[J]. 应用化学,2000,**17**(5): 569－571

39 Kandaz M., Synthesis, characterization and electrochemistry of novel differently octasubstituted phthalocyanines [J]. *Polyhedron*, 2002, **21**: 255－263

40 Nathalie C., Zeitouni, Allan R. Photodynamic therapy for non-

melanom skin cancers: Current review and update [J]. *Molecular Immunology*, 2003, **39**(17 - 18): 1 133 - 1 136

41　黄金陵,陈耐生,黄剑东等.用于光动力治疗的金属酞菁配合物——两亲性酞菁锌配合物 $ZnPcS_2P_2$ 的制备、表征及抗癌活性[J].中国科学(B辑),2000,**30**:481 - 488

42　俞开潮,程红,金玲.光动力治疗用酞菁类光敏剂的合成研究进展.感光科学与光化学[J],2003,**21**(2):138 - 146

43　Raymond, Gabrielm. Photobleaching of sensitizers used in photodynamic therapy [J]. *Tetrahedron*, 2001, **57**: 9 513 - 9 547

44　Maria P. D. F., Donata D., Lia F., Gabrio R. Synthesis of a new water soluble octa cationic phthalocyanine derivative for PDT [J]. *Tetrahedron Lett.*, 2000, **41**: 9 143 - 9 147

45　Hiroshi M., Nobuaki I., Rodion V. B. Theoretical study of phthalocyanine — fullerene complex for a high efficiency photovoltaic device using ab initio electronic structure calculation[J]. *Synthetic Metals*, 2003, **138**: 281 - 283

46　Toccolil T., Boschetti A., Iannotta S. Molecular materials for optoelectronics by supersonic molecular beam growth: co-deposition of C₆₀ and ZnPc [J]. *Synthetic metals*, 2001, **122**: 229 - 231

47　Toccolil T., Boschetti A., Corradi C., Guerini L., Mazzola M., Iannotta S. Co-deposition of phthalocyanines and fullerene by SuMBE: characterization and prototype devices [J]. *Synthetic Metals*, 2003, **138**: 3 - 7

48　Torsten G. L., *et al*. A green fullerene: Synthesis and electronchemistry of a diels-alder adduct of [60] fullerene with a phthalocyanine [J]. *J. Chem. Soc.*, *Chem. Commun.*, 1995:103 - 104

49　Heutz S., Sullivan P., Sanderson B. M., Schultes S. M.,

Jones T. S. Influence of molecular architecture and intermixing on the photovoltaic, morphological and spectroscopic properties of CuPc - C_{60} heterojunctions [J]. *Solar Energy Materials & Solar Cells*, 2004, **83**: 229 - 245

50 Mohamed E. E. K., Ito O., Phillip M. S., Francis D. Intermolecular and supramolecular photoinduced electron transfer processes of fullerene — porphyrin/phthalocyanine systems [J]. *Journal of Photochemistry and Photobiology C: Photochemistry Reviews*, 2004, **5**: 79 - 104

51 Rikukawa M., Furumi S., Sanui K. and Ogata N. Fabrication and electrical properties of fullerene/phthalocyaninatometal Langmuir-Blodgett films [J]. *Synthetic metals*, 1997, **86**: 2 281 - 2 282

52 Tanaka D., Rikukawa M., Sanui K., Ogata N. Fullerene/ phthalocyaninatometal complex and their LB films [J]. *Synthetic metals*, 1999, **102**: 1 492 - 1 493

53 Huang W. T., Wang S. F., Liang R. S., Gong Q. H., Qiu W. F., Liu Y. Q., Zhu D. B. Ultrafast third-order non-linear optical response of Diels - Alder adduct of fullerene C_{60} with a metallophthalocyanine[J]. *Chemical Physics Letters*, 2000, **324**: 354 - 358

54 陈再鸿等. 球烯 C_{60} 与锌酞菁形成电荷迁移络合物的研究[J]. 高等学校化学学报,1997,**18**(9):1 534 - 1 536

55 陈卫祥,徐铸德,徐建敏. 富勒烯、酞菁化学修饰聚环氧丙基咔唑的合成及其光电导性能[J]. 功能材料,2002,**33**(2):212 - 214

56 王毅,刘燕刚,陈建国等. 有机电荷传输材料[J]. 感光化学与光化学,1999,**17**(1):73 - 84

57 Schildkrant J. S., Buettenr A. V. Theory and simulation of the formation and erasure of space-chargegratings in

photoconductive polymers［J］. *J. Appl. Phys.*，1992，**2**：1 888 – 1 893

58 周雪琴,汪茫,杨士林.有机半导体材料中的电荷转移[J].高等学校化学学报,2000,**21**(8):1 312 – 1 317

59 Jarosz G.，Signerski R.，Godlewski J. The analysis of photoenhanced current in organic films：the influence of charge carrier diffusion［J］. *Thin Solid Films*,2001,**396**：196 – 200

60 Somani P. R.，Radhakrishnan S. Electrochromic materials and devices：present and future［J］. *Materials Chemistry and Physics*，2002，**77**：117 – 133

61 Wunsch F.，Chazalviel J. N.，Ozanam F.，Sigaud P.，Stephan O. Charge – carrier injection via semiconducting electrodes into semiconducting/electroluminescent polymers［J］. *Surface Science*，2001，**489**：191 – 199

62 陈震,郑曦,陈日耀等.电化学方法在染料电致发光器件中的应用［J].发光学报,2001,**22**(3):271 – 275

63 丁邦东等.快速简便测定有机电致发光材料 HOMO 能级的电化学方法［J].化学研究与应用,2002,**14**(6):712 – 714

64 Nierengarten J. F.，*et al*. Synthesis and electronic properties of donor-linked fullerenes towards photochemical molecular devices［J］. *Carbon*，2000，**38**：1 587 – 1 598

65 Guldi D. M.，Maggini M.，Scorrano G.，Prato M. Intramolecular electron transfer in fullerene/ferrocence based donor-bridge dyads［J］. *J. Am. Chem. Soc.*，1997，**119**：974 – 980

66 乔锦丽,晋卫军,刘长松.富勒烯 C₆₀ 及其电荷转移配合物的吸光、发光特性研究［J].光谱实验室,2000,**17**(12):17 – 25

67 George A. Olah *et al*. Polyarenefullerenes，C₆₀（H – Ar）ₙ，odtained by acid-catalyzed fullerenation of aromatics［J］. *J.*

Am. Chem. Soc., 1991, **113**: 9 387 – 9 388

68 Hare J. P., Kroto H. W. and Taylor R. Preparation and UV/ visible spectra of fullerenes C_{60} and C_{70} [J]. *Chem. Phys. Lett.*, 1991, **177**(4,5): 394 – 398

69 Roger T., *et al*. Formation of $C_{60}Ph_{12}$ by electrophilic aromatic substitution. *J. Chem. Soc, Chem. Commun.*, 1992, 667

70 顾刚，程光煦，都有为. C_{60}固体的光学性质. 物理学进展，1995, **15**(3): 319

71 Wu M. F., Wei X. W., Qi L. and Xu Z. A new method for facile and selective generation of C_{60} and C_{60}^2 in aqueous caustic/ THF (or DMSO). *Tetrahedron Letters*, 1996, **37**(41): 7 409 – 7 412

72 Shen Y., Zhang J. C., Gu F., Chen J. M. and Huang H. H. Photoconductivity study of doping in C_{60} – toluene derivative[J]. *Mater. Chem. and Phys.*, 2001, **72**: 405 – 407

73 汪长春，邓伯娟，府寿宽. PVK/C_{60}电荷转移络合物的光谱研究[J]. 高等学校化学学报，1994, **15**(10): 1 559 – 1 562

74 Seahadri R., Rao C. N. R., Pal H., Mukherjcc T., Mittal J. P. Interaction of C_{60} and C_{70} with aromatic amines in the ground and excited states. Evidence for fullerene-benzene interaction in the ground state. *Chem. Phys. lett.* 1993, **205**: 394

75 Chen H. Z., *et al*. Synthesis and photoconductivity study of phthalocyanine polymers. I. PAA – $CuPc(NO_2)_2$ [J]. *J. of Appl. Poly. Scie.*, 1992, **46**: 1 033 – 1 037

76 Chen H. Z., *et al*. Photoconductivity study of doping in PVK-bonded phthalocyanine [J]. *J. Photochem. Photobiol.* A: Chem., 1993, **70**: 179 – 182

77 Long Y. C., *et al*. Efficient one-flask synthesis of water — soluble [60] fullerenols [J]. *Tetrahedron*, 1996, **52**

(14)：4 963 - 4 972

78 Zhai R. S. *et al*. Polymeric fullerene oxide films produced by decomposition of hexanitro [60] Fullerene [J]. *Carbon*, 2004, 42：395 - 403

79 Fan L. Z. Effect of addition groups on the redox properties of fullerenes [J]. 电化学, 1997, **3**(4)：371 - 377

80 杨勇,蒋奕松,林祖赓. 电极表面结构及有机添加物对 C₆₀ 电还原过程的影响[J]. 高等学校化学学报,1997,**18**(1):112 - 115

81 藤鸭昭等著,陈震等译. 电化学测定方法. 北京：北京大学出版社,1995:147 - 164

82 丛方地,杜锡光,赵宝中等. 两种四氨基锌酞菁异构体的简易合成及其表征 [J]. 高等学校化学学报, 2002, **23** (12)：2 221 - 2 225

83 Neil B Mckeown. Phthalocyanine material：synthesis, strucure and function. Cambridge, U. K. ：Cambridge University Press, 1998:88 - 89

84 Shen Y. , Xia Y. B. , Chen J. W. , GU F. , Jiao F. H. , Zhang J. C. Up-conversion luminescence of high soluble zinc phthalocyanine-epoxy derivative [J]. *Chin. Phys. Lett.* , 2004, **21**(9)：1 717 - 1 719

85 Chen X. B. , Du W. M. , Deng Z. W. , Sun Y. G and Li M. X. An initial basic physics model and comparative analysis for up-conversion sensitization luminescence [J]. *Optics Communications*, 2000, **181**：161 - 169

86 Wang D. , Zhou G. Y. , Xu X. G. , Wang X. M. , Liu Z. Q. , Ren Y. , Shao Z. S. , Jiang M. H. Nonlinear absorption and upconversion properties of two-photon absorption dye：ASPI [J]. *Optics & Laser Technology*, 2002, **34**：55 - 58

87 Jin Z. , Nolan K. , Mcarthur C. R. *et al*. Synthesis,

electrochemical and spectroelectrochemical studies of metal-free
2，9，16，23- tetraferrocenyl-phthalocyanine. *Journal of organometalloc chemistry*，1994，**468**：205－212

88 石鑫，郭卓，王春雷等. 平面双核酞菁化合物的发展及应用前景. 东北师大学报自然科学版，2001，**33**(3)：64－72

89 Gordan O. D.，Friedrich M.，Zahn D. R. T. Determination of the anisotropic dielectric function for metal free phthalocyanine thin films. *Thin Solid Films*，2004，**455 － 456**：551－556

90 Minquan T.，Tatsuo W.，Hiroyuki S. Syntheses of novel unsymmetrically tetrasubstituted phthalocyaninato vanadyl and zinc complexes with a nitro or amino group ［J］. *Dyes and Pigments*，2002，**52**：1－8

91 Yoshihara K.，Kumazaki S. Primary processes in plant photosynthesis：photosystem I reaction center ［J］. *Journal of Photochemistry and Photobiology C: Photochemistry Reviews*，2000，**1**：22－32

92 Sun Y. P.，Huang W. J.，Guduru R.，Martin R. B. Intramolecular electron transfer in fullerene derivatives with multiple donors ［J］. *Chemical Physics Letters*，2002，**353**：353－358

93 Nath S.，Pal H.，Sapre A. V. Effect of solvent polarity on the aggregation of fullerenes：a comparison between C_{60} and C_{70} ［J］. *Chemical Physics Letters*，2002，**360**：422－428

94 Nierengarten J. F.，Eckert J. F.，*et al*. Synthesis and electronic properties of donor-linked fullerenes towards photochemical molecular devices ［J］. *Carbon*，2000，**38**：1 587－1 598

95 Hiroshi I.，Yukie M. Yoshihiro M. Nanostructured artificial photosynthesis ［J］. *Journal of Photochemistry and*

Photobiology C: Photochemistry Reviews，2003，**4**：51－83

96 Martin N.，*et al*. Photoinduced electron transfer between C₆₀ and electroactive units [J]. *Carbon*，2000，**38**：1 577－1 585

97 Takahashi K.，*et al*. Photoinduced electron transfer from porphyrin to C₆₀ in a C₆₀/porphyrin double-layer photoelectrochemical cell [J]. *Journal of Electroanalytical Chemistry*，1997，**426**：85－90

98 严继民. 电子施受复合物的量子理论[J]. 化学通报，1983，**11**：1－8

99 黄春辉,李富友,黄岩谊. 光电功能超薄膜. 北京：北京大学出版社,2001,174－180

100 Zheng M.，Bai F. L.，Li F. Y.，Li Y. L.，Zhu D. B. The Interaction between conjugated polymer and fullerenes [J]. *Appl. Polymer Science*，1998，**70**：599

101 Shen Y.，Zhang J. C. Gu F.，Huang P. P.，Xia Y. B. Intermolecular and intramolecular charge transfer in polymethylphenylsilane/C₆₀ films [J]. *J. Phys. D: Appl. Phys.*，2004，**37**：2 579－2 582

102 Takatsugu W.，*et al*. Silylation of fullerenes with active species in photolysis of polysilane [J]. *Journal of Organometallic Chemistry*，2003，**685**：177－188

103 Nespurek S.，Herden V.，Kunst M. and Schnabel W. Microwave photoconductivity and polaron formation in Poly [methyl (phenyl) silylene] [J]. *Synthetic Metal*，2000，**109**：309－313

104 Watanabe A. and Ito O. Photoinduced electron transfer between C₆₀ and polysilane studied by laser flash photolysis in the near-IR region [J]. *J. Phys. Chem.*，1994，**98**：7 736－7 740

105 Imahori H.，*et al*. Porphyrin and fullerene-based artificial

photosynthetic materials for photovoltaics [J]. *Thin Solid Films*, 2004, **451-452**: 580-588

106 David I. S. Synthesis and photophysics of new types of fullerene-porphyrin dyads [J], *Carbon*, 2000, **38**: 1 607 -1 614

107 Yin G. , Xu D. P. , Xu Z. Spectral behavior of cis - 20, 50 - dipyridinylpyrrolidino [30, 40: 1, 2] [60] fullerene and its coordination complex with Zinc porphyrin (ZnTPP) [J]. *Chemical Physics Letters*, 2002, **365**: 232-236

108 Imahori H. , *et al*. Photosynthetic electron transfer using fullerenes as novel acceptors [J]. *Carbon*, 2000, **38**: 1 599 -1 605

109 刘淑清,徐吉庆,孙浩然等. meso -四(4 - N -甲基吡啶基)卟啉-金属-氧簇超分子化合物的光谱及电催化氧还原行为研究 [J]. 化学研究, 2000, **11**(2): 9 - 13

110 田宏健,周庆复,沈淑引等. 酞菁-卟啉超分子的形成及光致电子转移过程 [J]. 物理化学学报,1996, **12**(1):44 - 48

111 李顺来,许慧君. 短程有机电子给体-受体体系的合成 [J]. 北京化工大学学报, **28**(3):69 - 75

112 李顺来,董晓阳,许慧君. 给体-受体体系分子内光致电子转移反应研究 [J].物理化学学报,1997,**13**(8):680 - 684

113 曹健,汪茫,孙景志等. 表面光电压谱(SPS)在有机半导体材料研究中的应用. 功能材料,2002,**33**(3):231 - 233

114 黄春辉,李富友,黄岩谊. 光电功能超薄膜. 北京:北京大学出版社,2001,311 - 316

115 Fujitsuka M. , Yahata Y. , Watanabe A. , Ito O. Transient absorption study on photoinduced electron transfer between C_{60} and poly (N - vinylcarbazole) in polar solvent [J]. *Polymer*, 2000, **41**: 2 807 - 2 812

116 Khoulya M. E. , Fujitsuka M. , Ito O. , Maged E. K. Photoinduced electron transfer between fullerenes (C_{60}/C_{70})

and disubstituted naphthalenes using laser flash photolysis
[J]. *Journal of Photochemistry and Photobiology A: Chemistry*, 2001, **141**: 1 - 7

117 Fujitsuka M., *et al*. Laser flash photolysis study on photophysical andphotochemical properties of C$_{60}$ fine particles [J]. *Journal of Photochemistry and Photobiology A: Chemistry*, 2000, **133**: 45 - 50

118 Nojiri T., Alam M. M., Konami H., Watanabe A., Ito O. Photoinduced electron transfer from phthalocyanines to fullerenes (C$_{60}$ and C$_{70}$) [J]. *J. Phys. Chem. A*, 1997, **101**: 7 943 - 7 947

119 Mohamed E. E. K., Fujitsuka M., Ito O. Efficient photoinduced electron transfer between C$_{60}$/C$_{70}$ and zinc octaethylporphyrin studied by nanosecond laser photolysis method[J]. *J. of Porphyrins and Phthalocyanines*, 2000, **4**: 590 - 597

120 Vidmantas G. Transient absorption of photoexcited titanylphthalocyanine in various molecular arrangements[J]. *Chemical Physics*, 2000, **261**: 469 - 479

121 Sibataa M. N., Tedescob A. C., Marchettia J. M. Photophysicals and photochemicals studies of zinc (Ⅱ) phthalocyanine in long time circulation micelles for Photodynamic Therapy use [J]. *European Journal of Pharmaceutical Sciences*, 2004, **23**: 131 - 138

122 Komaminea S., Fujitsuka M., Ito O., Itaya A. Photoinduced electron transfer between C$_{60}$ and carbazole dimer compounds in a polar solvent [J]. *Journal of Photochemistry and Photobiology A: Chemistry*, 2000, **135**: 111 - 117

123 Yamazaki M., Fujitsuka M., Ito O., *et al*. Energy transfer

and electron transfer of photoexcited 5,6 - open-azaC$_{60}$ and 6, 6 -closed-azaC$_{60}$ in the presence of retinyl polyenes: hydrogen-bonding effect [J]. *Journal of Photochemistry and Photobiology A: Chemistry*, 2001, **140**: 139 - 146

124 欧阳彬等. 瞬态吸收光谱技术研究水体中亚硝酸-萘体系的微观反应机理[J]. 环境化学, 2004, **23**(4): 393 - 398

125 Nogueira A. F., *et al*. Charge recombination dynamics in a polymer/fullerene bulk heterojunction studied by transient absorption spectroscopy [J]. *Synthesis Metal*, 2003, **137**: 1 505 - 1 506

126 Shen Y., Zhang J. C., Gu F., Xia Y. B., The influence of the C$_{60}$- toluene derivative as a hole-transporting layer on the copper phthalocyanine multilayer films [J]. *Mater. Chem. & Phys.*, 2003, **82**(2): 401 - 404

127 Chen H. Z., Wang M., Feng L. X., Shen X. B., Yang S. L. Synthesis and photoconductivity study of phthalocyanine polymers. I. PAA - CuPc(NO$_2$)$_2$ [J]. *J. of Appl. Poly. Scie.*, 1992, **46**(6): 1 033 - 1 036

128 Shen Y., Gu F., Chen J. M., Zhang J. C., Xia Y. B. The influence of C$_{60}$ and C$_{60}$ - toluene derivative on the photoconductivity of Fe-phthalocyanine-polystyrene [J]. *Mater. Lett.*, 2005, **59**: 546 - 548

129 Yamamoto K., Egusa S., Sugiuchi M. and Miura A. Photogeneration mechanism of charged carriers in copper-phthalocyanine thin films [J]. *Solid State Commun*, 1993, **85**(1): 5 - 10

130 Heayeon L. and Tomoji K. Photoelectric properties of copper-phthalocyanine/PbTe multiplayer [J]. *J. Appl. Phys.*, 1996, **80**(6): 3 601 - 3 603

131 Shen Y. , Zhang J. C. , Xia Y. B. , Gu F. , Shen W. P. ,
     Yang Z. G. Photoconductivity of azo-polymer/copper
     phthalocyanine/diamond-like carbon films [J]. *SPIE*, 2004,
     5 774: 216 - 219

132 Shen Y. , Xia Y. B. , Gu F. , Zhang J. C. The influence of
     the diamond-like carbon film on photoconductivity of the
     copper phthalocyanine /azo-polymer films [J]. *Mater. Chem.
     & Phys.* , in press

致　　谢

本论文是在导师夏义本教授的悉心指导下完成的，从论文的选题、实验指导以及最后定稿都凝聚着先生大量的心血。先生渊博的知识、严谨认真的治学态度使我受益匪浅。先生不仅在学术上对学生进行培养和鼓励，而且在工作上给予关心和支持，学生终生难忘。在此，谨向先生表示最诚挚的感谢和最崇高的敬意。

实验和论文定稿过程中，得到了课题组张建成教授的耐心帮助和指导，在此表示衷心的感谢。

在实验完成过程中，得到了师兄王林军博士、师弟张明龙博士、苏青峰博士的无私帮助及杨志刚硕士、陈精纬硕士的友好合作，在此表示深深地谢意。

感谢史伟民教授、蒋雪茵教授、张志林教授、吴文彪副教授、雷平水同学等在工作和实验数据测试中给予的帮助。

感谢课题组陈建明、焦凤华、周小安、姜盛瑜、刘健敏、崔江涛、陶俊超、祝进专、郑飞、虞磊等同学的热情帮助，我为能在这样一个团结的队伍中学习、生活而感到自豪。

感谢上海大学理学院沈卫平、徐引娟老师，复旦大学侯惠奇、董文博老师、欧阳彬、房豪杰同学在样品测试和数据分析中给予的帮助。

感谢材料学院的领导和教师对我的谆谆教诲，感谢顾莹老师、郭昀老师及全体研究生在工作和学习上的大力支持和帮助。感谢上海应用材料研究与发展研究生奖学金的资助。

深深地感谢丈夫对我的关爱和支持、感谢 80 多岁的老外婆、父母、妹妹及家人对我的帮助,感谢女儿的理解和配合,你们的关心、鼓励和支持给了我奋发向上的勇气和完成学业的动力。

感谢所有支持和帮助过我的老师、同学、朋友及家人!

沈 悦